地下工程围岩参数反分析技术与工程应用

任明洋　刘恒　宋帅奇　邵鸿皓　吕大为　◎　著

西南交通大学出版社
·成 都·

图书在版编目（CIP）数据

地下工程围岩参数反分析技术与工程应用 / 任明洋
等著. -- 成都：西南交通大学出版社，2024.9.
ISBN 978-7-5643-9894-1

Ⅰ. TU94；TU457

中国国家版本馆 CIP 数据核字第 2024WW0897 号

Dixia Gongcheng Weiyan Canshu Fanfenxi Jishu yu Gongcheng Yingyong

地下工程围岩参数反分析技术与工程应用

任明洋 刘 恒 宋帅奇 邵鸿皓 吕大为 著

责 任 编 辑	王同晓
封 面 设 计	GT 工作室
出 版 发 行	西南交通大学出版社 （四川省成都市金牛区二环路北一段 111 号 西南交通大学创新大厦 21 楼）
营销部电话	028-87600564 028-87600533
邮 政 编 码	610031
网 址	http://www.xnjdcbs.com
印 刷	成都中永印务有限责任公司
成 品 尺 寸	170 mm × 230 mm
印 张	8.5
字 数	153 千
版 次	2024 年 9 月第 1 版
印 次	2024 年 9 月第 1 次
书 号	ISBN 978-7-5643-9894-1
定 价	68.00 元

　　随着国民经济的快速发展，为建设交通强国，我国修建了大量交通基础设施。隧道等地下工程作为现代交通运输体系的重要组成部分，得到了广泛的应用。但在需要穿越复杂地质条件的地层时，隧道等地下工程的建设又面临着巨大的施工风险和安全挑战。地下工程所赋存地质体的物理力学参数对支护结构的设计、施工以及对围岩-支护结构体系的稳定性分析有着重要意义，关系着地下工程建设的安全性和经济性。然而，地下环境的复杂性和特殊性使得这些重要的物理力学参数难以确定。目前，地下工程建设者主要采用室内力学试验和现场原位测试等手段来确定围岩的物理力学参数。而当围岩软弱破碎，力学特性较差时，取样往往难以成功。即便获得了较好的岩石试样，室内力学试验的结果受样本和环境影响较大，随机性较大。并且，实验室采用力学试验机测试的物理力学参数是基于小尺寸岩块获得的，其并不能代替现场包含大量节理裂隙的大尺寸工程岩体。另外，现场原位试验也只能反映局部岩体的工程特性，而且由于其测试成本高、安全性差、周期性长、受现场工程环境的制约性强，目前也只能对局部区域岩土体开展现场原位测试。这就导致获得的围岩力学参数离散性普遍较大，实用性程度较低，与施工现场真实的情况存在的误差较大。

　　自新奥法提出以来，基于地下工程施工现场监控量测技术的隧道信息化动态设计与施工技术得到了迅速发展。与此同时，基于施工现场监控量测数据反演围岩参数的反分析技术也应运而生。由于围岩反分析技术的第一手资料来源于复杂多变的地下工程施工现场，相对于室内试验及有限的工程勘测和地质调查更加贴近于工程实际，得到的分析结果也更加可信。因此，本书主要对地下工程围岩参数的反分析技术开展研究。首先，介绍了地下工程围岩反分析技术的概念、分类和发展现状；其次，通过开展大量数值模拟研究了地下工程围岩参数对围岩变形的敏感性，为选择合理的反演围岩参数提供了依据；随后，开展了隧道动态施工过程物理模型试验，研究了隧道施工过程中围岩位移和应力的动态释放规律，提出了合理确定隧道全量位移的方法，弥补了现场监测存在位移损失的缺陷；再其次，在地下工程围岩参数反分析过程中引入人工智能技术，提出了基于思维进化算法优化 BP 神经网络的位移反分析技术；最后，以实际隧道工程为例，详细介绍了所提出的围岩参数反分析技术在地下工程中的应用。

本书是作者在参加国家自然科学基金项目——地区科学基金项目(51268030)的基础上所取得的研究成果。

本书的完成，在很大程度上归功于恩师张强勇教授和严松宏教授的悉心指导和支持，在此谨向他们致以诚挚的感谢和敬意。

在本书撰写过程中，参阅了大量的国内外相关专业领域文献资料，在此向所有相关论著的作者表示由衷的感谢！

由于作者水平有限，书中难免存在不足之处，敬请各位读者批评指正！

作 者

2024 年 2 月

CONTENTS | **目 录**

第 1 章
绪 论

1.1 引 言

随着国民经济发展和交通强国战略的提出,我国修建了大量的公路、铁路、桥梁、隧道等交通基础设施。隧道作为现代交通运输体系中的重要组成部分,迎来了建设发展的黄金期。由于我国幅员辽阔、地大物博、山河纵横,在全国各地修建隧道时都遇到过前所未有的挑战。这些隧道不仅类型多样、规模巨大而且修建难度也与日俱增。特别是在高地应力软弱破碎岩体中修建大断面深埋特长隧道,对地下工程的设计与施工技术提出了更高更严的要求,同时也给隧道工程的安全建设带来了更加严峻的挑战[1]。

隧道等地下工程所赋存的地质环境非常复杂,岩土体材料的物理力学性质又是非线性、非连续和非均匀的。特别是赋存于自然环境下的天然地质体,其所处的地质环境往往被各种宏观地质界面(如断层、层理及断裂破碎带等)切割成各种不连续体甚至是散碎体,这就使得岩土体的力学本构模型相当复杂,几乎不存在一种通用的力学模型能够准确地描述如此复杂的工程材料[2]。同时,岩土体中应力场、温度场和渗流场之间的相互耦合作用导致地下工程中的力学问题极其复杂,再考虑到实际工程中施工因素的多样性和复杂性,采用传统的理论解析法分析和求解地下工程稳定性问题几乎是难以实现的。随着数值计算理论和计算机技术的快速发展,数值分析方法已经成为求解此类复杂问题的重要手段。常用的数值计算方法包括有限元法、有限差分法、边界元法、离散元法、无限元法、流形元法、不连续变形分析方法(DDA)、物质点法、近场动力学法及其耦合方法等。虽然为了适应地下工程问题的特殊性,许多专家学者对各种数值法提出了不同的改进;但是这些数值方法计算的结果完全依赖于计算模型本身以及模型参数的合理选取,并没有考虑到地下工程所赋存岩土体的非均匀性、非连续性和随机性[3]。而实际中采用的室内试验和局部现场试验只能反映局部岩土体的物理力学性质,并不能准确地完全反映工程范围内的岩土体力学特性,导致了地下工程力学计算时,输入参数难以准确确定,成为了数值计算应用于地下工程围岩稳定性分析和支护结构设计的最大障碍。目前,基于经验设计的工程类比法仍被广泛采用,这就导致支护结构的设计方案在某些情况下过于保守,造成了工程材料的大量浪费,而在某些情况下支护结构又过于薄弱,易引起支护结构失效甚至围岩坍塌等工程事故,给地下工程建设、施工人员安全和社会经济效益带来了极大的危害。因此,如何采用简单可靠的方法准确地确定岩土体的物理力学参数,对于地下工程的设计、施工以及力学分析有着重要的研究意义[4]。

　　基于地下工程施工现场监控量测的反分析方法是解决此类问题的有效手段。因为反分析技术的第一手资料来源于复杂多变的地下工程施工现场,相比于小尺度的室内试验和有限的工程勘测和地质调查更加贴近于工程实际,得到的分析结果也更加可信。于是地下工程反分析方法自提出以来就受到了广大研究者的青睐。它的提出和发展是地下工程业界的一大突破,具有里程碑意义,它集合了已有的研究成果和优化方法,将地下工程和所赋存的岩体作为一个完整的系统进行考虑,是一种综合性的研究方法[5]。

　　根据反分析计算方法所依靠量测信息的不同,反分析技术可分为应力反分析技术、位移反分析技术、应变反分析技术,以及应力、位移和应变相结合的混合反分析技术[6]。因现场监控量测时,位移量测相对于应力和应变量测更加经济方便,且精度较高,位移反分析技术的应用也相对比较广泛。因此,本书主要对采用位移反分析技术反演地下工程围岩参数进行研究。

1.2　位移反分析的概念及分类

1.2.1　位移反分析概念

　　在介绍地下工程位移反分析的概念之前,首先简要介绍地下工程位移正分析。地下工程位移正分析是指已知地下工程的几何形状、材料性质、本构模型以及位移和应力等边界条件,求解地下结构的位移或变形。而地下工程位移反分析,则是根据施工现场实测的反映地下工程力学行为的某些信息(如位移或变形),通过反演计算模型推算地下工程某些初始参数(如初始应力、强度、变形和几何形状等)的方法[7]。从系统论的观点来看,如果把地下工程看作是一个系统的话,那么在不考虑施工因素的条件下,正分析与反分析的过程如图 1.1 所示。

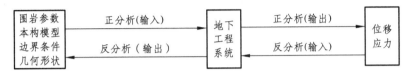

图 1.1　地下工程正分析和反分析过程

简单来说,地下工程反分析技术就是根据地下工程施工现场实测到的位移和应力等量测信息去反推实际工程本构模型、边界条件、几何形状和物理力学参数的方法,就像中医学中通过"望闻问切"诊断病人疾病,也类似于考古学家通过古文物研究反推出当时的历史年代和社会现状,也与刑事案件里警察对案发现场排查后反演出案发时的情形有异曲同工之妙。

1.2.2　位移反分析分类

按照不同的划分标准,地下工程反分析技术可以分为不同的类型。图 1.2 给出了地下工程反分析技术常见的几种分类[7]。

从大的方向来说,地下工程位移反分析应包括参数反分析和模型反分析两个方面。参数反分析是指在某种假定的比较简单的本构模型下根据现场实测位移或变形信息反算地下工程的某些物理力学参数,是目前地下工程位移反分析中发展最成熟、研究成果最多的一个分支。参数反分析主要内容包括:初始地应力各分量的反分析(地应力反分析)、岩土体变形参数的反分析、岩土体强度参数的反分析、地层压力参数的反分析及地下结构尺寸的反分析等。模型反分析也称模型识别,是指根据现场实测的位移或变形信息反算描述该地段岩土体材料的力学本构模型。相对于参数反分析,模型反分析的研究较少,尚处在初步阶段。

位移反分析法按照其计算方法可分为解析方法和数值方法[8]。解析法的格式简单,求解速度快,但适用性较差,只能对规则的几何形状和简单的边界条件的线弹性问题或黏弹性问题进行反演计算分析,而对于边界非规则、地应力非均匀、各向异性和施工因素复杂的非线性岩土体工程问题就变得束手无策。数值方法则拥有良好的适应性,特别在处理高度复杂的非线性问题时存在着巨大的优势。

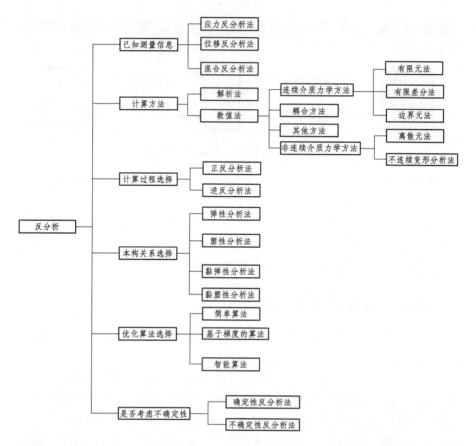

图 1.2　常见的反分析分类

　　按照求解过程的不同，反分析法又可分为逆解法、图谱法和直接法等[9]。逆解法是先由正分析方程反推得到逆方程，再在逆方程中代入实际量测的位移信息从而求得待反演参数，该方法具有计算速度快、占用内存少的优势，并且一次性解出所有待反演参数，缺点是只适用于线弹性或黏弹性等存在显式解析表达式的简单问题。图谱法是我国学者杨志法[10, 11]提出的一种位移图解法，该法通过有限元计算得到对应于不同弹性模量和初始地应力的位移，并绘出相应的关系曲线，建立简便的图谱和图表，根据相似性原理，对现场量测的位移信息通过图谱和图表的图解反推出岩土体的初始应力和弹性模量。此方法简便实用，方便快捷，但由于其采用线弹性有限元计算获得的图谱，只适用于线弹性问题的反分析。直接法也叫优化反分析法或正反分析方法，它是把围岩参数反分析转化为一个目标函数优化的数学问题,先给出一组参数初始值,利用正分析计算求解的过程和计算格式,通过某种优化方法不断迭代计算逐步修正各反演参数值,直到满足某一预先确定的精度,即可认为此时得到的参数修正值为真实值。直接法应用范围广泛,适用于各类线性和非线性问题,并可利用现成的正算格式和计算程序[12]。传统常用的优化方法有单纯形法、复合形法、共轭梯度法及罚函数法等,但这些方法都存在这样或那样的缺陷,使得其难以广泛应用于岩土工程实践。

根据是否采用人工智能手段,反分析还可划分为智能反分析和非智能反分析[13]。岩石力学成为一门独立的学科已有半个多世纪的发展史,传统位移反分析也经历了近 50 年的研究,但传统研究方法始终没有把岩石力学问题研究提升到一个新的高度、产生新的突破。众多研究者也已经认识到,岩石力学实现重大突破的关键在于方法论和思维方式的变革,为取得新的重大成果有必要走学科交叉的发展路子。2000 年美国岩石力学协会举办的岩石力学发展新方向讨论会上,与会专家一致认为:岩石力学的长期繁荣和发展必须注入新兴学科的新鲜血液[2]。人工智能方法与岩石力学理论相结合,推进了岩石力学的持久发展。将人工智能和位移反分析结合,形成的智能位移反分析,必将克服传统位移反分析的缺陷。近些年,国内外众多专家学者为实现学科交叉将进化论、遗传学、仿生学、神经学、信息论等学科引入到岩石力学研究中,冯夏庭[14]就是其中的代表人物之一,他将智能算法融入岩石力学,开创了岩石力学研究的智能时代,可谓是国际智能岩石力学的先驱。

上述反分析方法都是在不考虑实测信息和岩土体材料本身的随机性的情况下所进行的反演分析,这种形式的反演分析称为确定性反分析。如果考虑实测信息和岩土体材料本身性质的随机性,采用概率论和数理统计的方法研究反演分析,则是非确定性反分析[15-18]。非确定性反分析根据采用的方法不同主要包含以下几种:极大似然法、贝叶斯广义参数法、强壮性估计法和区间估计法。由于岩土体本身就具有随机不确定性,再加上监控量测信息含有的随机误差,非确定性反分析似乎是合乎实际的,然而这样的方法有着自身的缺陷性,在实际工程中难以广泛推广应用。

上述反演分析方法各有其优缺点,都有一定的适用范围:解析法求解速度快但只对线弹性和黏弹性问题有效;图谱法简单易懂,便于操作,然其仅对线弹性问题有较高精度,对复杂的非线性地下工程问题不再适用;优化反分析法适用性强,对于各类线性和非线性问题的反演分析都可应用,但其依赖于优化算法的选择而且受制于正分析过程,往往计算效率很低,有时还会陷入局部最优，使得优化失败；非确定性反分析最合乎不确定性的实际工程岩体，然而由于其自身局限性使得应用难以普及。而基于人工智能的反分析方法可以克服传统反分析方法的缺陷，实现地下工程围岩参数的高效和准确反演[19-21]。因此，本书将采用该种方法研究围岩参数位移反分析。

1.3 国内外研究现状

隧道等地下工程的建设往往涉及岩土体的开挖、支护或改良等施工过程，地下工程设计和施工人员都比较关心工程影响范围内岩土体的力学参数、地应力以及支护结构所受荷载等是否与实际情况相同或接近。特别是重大地下工程在前期可行性设计时通常要进行必要的工程地质和水文地质环境勘查与现场原位试验，以便能够充分认识工程影响范围内的地质条件和所赋存岩土体的变形和强度破坏规律。自然界中的岩土体大都具有非常复杂的天然结构、地域特点，再加上复杂多变的赋存环境[22]，这就导致岩土体的力学参数难以准确确定，必须有一定数量的测试点才能满足工程设计的要求，但是高成本、长周期的力学试验导致了不能够布置大量的原位测试点和过多的室内试验。为了解决这一对立的矛盾，国内外专家学者开始另辟蹊径，在一定程度上促进了地下工程反分析研究的萌芽，特别是在新奥法被推广以来，大量的现场监测信息为地下工程反分析的发展提供了强有力的数据支撑。下面，将分别从国外和国内两个方面综述位移反分析的研究现状。

1.3.1 国外研究现状

国外学者对于位移反分析的研究比较早，最早可追溯到 1972 年，Kavanagh 和 Clough 等[23]在国际知名期刊 *International Journal of Solids and Structures* 上发表了利用有限单元法根据现场监测位移反算岩体力学参数的第一篇论文，这被认为是国际岩体工程界最早提出的与位移反分析相关的研究。日本岩石力学专家樱井春辅[24-26]于 1979 年采用黏弹性力学理论根据围岩蠕变位移推导了围岩初始地应力和黏弹性参数的理论公式，随后又在 1983 年基于平面应变问题的假设提出了考虑衬砌影响效应的围岩初始地应力及弹性模量的反分析解。1977 年又一位反分析研究的先驱 Jurina 对岩土体材料本构模型的辨识问题开展了研究，提出了采用现场原位试验数据对岩体力学模型辨识的方法[27]。同年 Maier 等将反分析研究从弹性问题扩展到弹塑性问题。此后，基于弹塑性理论的位移反分析研究拉开了序幕，意大利米兰技术大学教授 Jurina 等[28]在 1981 年根据实测位移值采用变量代换法和单纯形法等两种不同的优化算法反算了岩体的黏聚力、内摩擦角和初始地应力分布，系统研究了弹塑性问题的位移反分析。次年 Gioda 等[29]又根据现场实测位移反算出了作用于柔性挡土结构上的土压力。随后十几年里，学者们主要针对优化反分析技术开展了大量的研究（主要的代表人物有 Simpson、Cai、Chi、Javadi 等）[30-33]，重点研究优化算法的优劣以及对位移反分析的适用性。考虑到岩土体参数的不确定性，1996 年 Ledesma 等[34]使用高斯-牛顿法和 Levenberg-Marquardt 法优化最大似然误差函数，在概率框架内反演了水电站地下厂房洞室岩体的地质力学参数。结合逆解法和直接法的优点，1999 年 Swoboda 等[35]使用边界控制方法开发了适用于大型和复杂岩土模型识别的通用代码，并对浅埋地铁隧道周边地层弹性参数进行了识别。采用优化反分析时，需要对误差函数进行求导，对于复杂的岩土工程问题，误差函数并不存现在显式表达式或表达式过于复杂，导致求导困难。于是，为避免对目标函数进行求导，2001 年 Deng 等[36]提出了一种基于虚功原理的反分析方法，并采用所开发的方法对法国北加莱盆地、里斯本地铁的 Cidade Universitária 隧道和巴西的 Água Vermelha 大坝等 3 个案例的弹性和弹塑性参数开展了反分析研究。为了确定 Alto-Lindoso 发电厂房岩体的初始应力状态和变形能力，Castro 等[37]于 2002 年开发了一种直接使用有限元方程的方法。该法考虑了先前开挖阶段的信息以计算实际状态，允许对不同的弹性模量和应力区的初始状态进行反分析。考虑到岩土体更复杂的弹黏塑性本构关系，Lecampion 等[38]于 2005 年使用最小二乘误差函数和 Levenberg-Marquardt 算法，根据监测数据反演了围岩参数。

由于基于梯度下降搜索的传统优化算法容易陷入局部最优的缺陷，基于全局搜索的进化优化算法逐步代替了以迭代修正为主的传统优化算法。Levasseur 等[39]于 2007 年开展了一项研究，比较了最速下降法和遗传算法这两种传统优化算法和进化优化算法在岩土工程位移反分析中的适用性，研究发现，当误差函数的拓扑结构复杂时，遗传算法特别适用于反演土体参数。Knabe 等[40]在 2013 年采用粒子群优化算法和有限元分析技术，根据地表沉降和超孔隙水压力对岩土体力学参数进行了反演。Moreira 等[41]在 2013 年采用进化策略对地下工程围岩参数进行了优化反分析研究。Mohammadi 等[42]于 2015 年分别采用多元回归方法和人工神经网络技术，根据地铁隧道施工引起的地表沉降反演了地层力学参数。Hajihassani 等[43]在 2018 年对粒子群仿生优化算法在地下工程围岩反分析的应用进行了综述。随着智能仿生方法的发展，相信越来越多的进化优化算法被用于地下工程围岩反分析研究。

1.3.2　国内研究现状

我国的位移反分析研究稍晚于国外，始于 20 世纪 70 年代末。1979 年我国学者杨志法[10]在完成的一份研究报告中采用基于有限元图谱的图解法进行位移反分析，并于 1980 年将该成果应用于"引大入秦"工程和河南南湾水库新泄水洞的设计中，是我国采用位移反分析的第一人。进入 80 年代，我国学者关于地下工程反分析的研究已开始在国际岩石力学舞台上大放光彩。关于位移反分析的研究不仅论述弹性问题反分析，还包括了黏弹性问题和弹塑性问题，此时国内的代表人物有冯紫良、王思敬、杨志法等[44-46]，为我国地下工程的位移反分析研究打下了坚实基础。到了 80 年代中后期，郑颖人等[47]在应力空间和应变空间中运用边界元法处理弹塑性问题，反演了初始地应力和弹性模量，用于解决二维和三维岩土工程问题。王建宇等[48]基于三元件流变模型采用解析方法推导了平面问题圆形洞室初始地应力和流变参数的理论解。在此基础上，杨林德[49]结合边界元和三元件流变模型反算了岩体初始地应力、瞬时弹性模量及流变参数。王芝银[50,51]根据有限元和三元件流变模型对短期量测的信息利用单纯形法优化技术反演了围岩初始地应力和流变参数。朱维申等[52]则基于隧道施工过程掌子面的时空效应对三个地下巷道的围岩参数进行了反演分析。

20 世纪 90 年代起，岩土体材料本构模型辨识、随机性反演等非确定性反分析快速发展，系统论、信息论等学科广泛运用于反分析研究中[7]。1993 年刘维宁[53]将信息论方法应用于位移反分析，提出了反分析问题的信息论框架。同年，袁勇等[54]基于系统论观点，研究了岩土体材料本构模型的辨识反演理论。1994 年孙钧和黄宏伟[55]运用系统论方法并基于 Bayes 基本原理，提出了岩土体广义参数的反分析法，次年又提出结合随机有限元和特征函数法分析的随机逆反分析[56]。1995 年蒋树屏[57]指出围岩变形及其参数随动态施工处于随机动态变化之中，应运用非确定性理论研究，并研究了基于扩张卡尔曼滤波器与有限元耦合的反分析法[58]。1996 年李宁[59, 60]提出考虑施工因素影响的仿真反分析，并在漫湾水电站边坡问题以及华盛顿地铁的位移反分析问题中取得了较好效果。1996 年孙道恒等[61]把人工神经网络用于岩土工程反演分析。1999 年冯夏庭等[5]提出了进化神经网络反分析，采用正交试验设计获得了反分析使用的训练样本集,并用遗传算法优化了神经网络的网络结构,建立了岩体力学参数与测点位移间的非线性映射关系,最后通过遗传算法全局搜索,求得了岩体力学参数的最优值,并于2000年著作《智能岩石力学导论》一书[14],将智能仿生优化算法应用于岩石力学与工程,实现了学科交叉,将岩石力学这门学科提升到了新的境界,在岩石力学领域里具有划时代意义。2008年李守巨[62]出版《智能计算与参数反演》一书,系统地介绍了地下工程围岩模型参数多种智能方法的反演原理、算法的实现以及工程应用等。2012年李邵军、赵洪波等[63]分别采用粒子群优化算法和支持向量机方法对岩土体参数反演辨识问题进行了研究。此后越来越多的专家和学者们[43,64-74]开始将仿生智能方法交叉于岩土工程位移反分析研究中,开启了岩石力学与工程界的新篇章。

从地下工程围岩反分析的国内外研究现状总体看来,地下工程反分析研究从最开始的简单线弹性问题朝着考虑复杂因素的黏弹性、弹塑性乃至黏弹塑性问题蓬勃发展[75-78],同时研究方法也不仅限于理论解析法,采用有限元法、边界元方法、有限差分法、离散单元法及连续-不连续耦合的技术目前已经被广泛用于地下工程位移反分析研究[79-81],而且研究思路也不仅局限于传统的迭代搜索优化方法,更多的与系统论、信息论及仿生智能等相关的方法被越来越多地用于地下工程位移反分析中,地下工程反分析技术正在学科交叉的路上飞速发展。虽然专家学者们都取得了一定的研究成果,但目前的研究仍存在以下不足之处:

(1)目前关于地下工程围岩参数反分析时待反演参数的选择没有统一的标准,每个学者确定的反演参数的类型和数目各不相同。

(2)由于现场监测元件布设时总是滞后一段时间,监测断面开挖后到监测元件布设完成时间段内的变形是无法获得的,因此实际监测的隧道变形并不是完整的,这与数值计算构造反分析样本时的变形计算值并不是对应的,而在当前的位移反分析研究中往往忽略了这个关键的环节。

(3)传统的神经网络技术和遗传算法等都存在早熟的特点,而且依赖于初值的选择,容易陷入局部最优,稳定性差,导致反分析失败。因此,需要选择合适的优化算法改进神经网络,使其克服上述缺点,增强神经网络的泛化预测能力和稳定性。

鉴于以上不足之处,本书结合数值模拟、模型试验和现场测试等技术手段,系统地研究了地下工程围岩参数反分析的全过程,包括待反演参数的选取、现场监测数据的修正、神经网络训练样本集的构建、BP神经网络的优化、位移反分析的实现以及实际工程的具体应用。

CHAPTER TWO

第 2 章
地下工程围岩参数反分析基本理论

地下工程岩土体参数反演分析是通过将理论计算与现场监测手段相结合的方法，其第一手资料来源于真实的地下工程施工现场，相比于室内实验室开展小尺度的岩石试件力学试验或现场原位试验测试获得相关的围岩力学参数，具有无可比拟的优势。在进行地下工程围岩参数反分析研究之前，本章主要从反分析技术的理论基础、基本原理以及反分析技术中常用的几类优化计算方法等几个方面对反分析技术的基本理论进行系统全面的介绍。

2.1 反分析的理论基础

2.1.1 反分析的数学基础

从数学角度分析，设：n 维反分析问题的自变量空间为区域 Ω。区域 Ω 为 n 维时空域的连通开区间，$x = (x_1, x_2, x_3, \cdots, x_n)$ 为区域 Ω 内的一个变量，Γ 为区域 Ω 的边界，则反分析问题可以用数学模型表示为

$$L(u,Q) = f, x \in \Omega \tag{2.1}$$

$$M(u,Q) = g, x \in \Gamma \tag{2.2}$$

式中 u, f, g——均为自变量 x 的函数；

Q——状态变化量；

L——作用在区域 Ω 上的微分算子；

M——作用在区域 Ω 边界 Γ 上的微分算子；

u——与材料性质有关的物理量；

f——作用条件；

M——边界条件。

函数 u 的分量中含有内因作用和外因作用。如果函数 u, f, g 为已知量，

将它们代入公式(2.1)和公式(2.2)中进行计算，可知两者均存在某种意义上与相关物理背景相符合的广义解，这样的求解计算过程称为正分析过程。反之，若 u，f，g 中存在未知的量，则存在区域 $\Omega' \in \Omega$，能够量测出 Q 的全部或部分信息，从这些已知的实际量测信息中求出 u，f，g 中存在的全部或部分未知量，这个求解反算的过程便是反分析过程。

2.1.2　反分析的力学基础

反分析技术从力学角度分析，是将力学问题用偏微分方法计算建模进而求解，反分析问题的力学表示方法主要有以下表达形式：

拟求解问题：$\qquad L(u) = f(x,t), \quad x \in \Omega; \quad t \in (0,+\infty)$ $\qquad$ (2.3)

初始条件：$\qquad\qquad I(u) = \varphi(x), \quad x \in \Omega$ $\qquad\qquad$ (2.4)

边界条件：$\qquad\quad B(u) = \psi(x), \quad x \in \Gamma; \quad t \in (0,+\infty)$ $\qquad$ (2.5)

附加边界条件：$\qquad A(u) = \kappa(x,t), \quad x \in \Gamma; \quad t \in (0,+\infty)$ $\qquad$ (2.6)

式中 $\quad \varphi$——拟求解力学问题的初始条件；

$\qquad \kappa$——拟求解力学问题的附加边界条件；

$\qquad \psi$——力学问题的边界条件；

$\qquad L$、I、B、A——对应力学问题的力学作用算子。

在同一个力学系统里，若已知地下工程岩土体的基础信息，计算求解未知量 u，这是一个正向计算的过程，即正分析计算过程；相反，如果地下工程的位移值 u 是通过现场实际测量手段得到的已知信息，通过假设某些力学模型和相关参数，计算得到岩土体位移值 u'，加之与现场实测值进行对比，进而确定其他拟求解参数的条件，这个计算过程是一个反向计算的过程，即为反分析计算过程。

2.1.3　反分析的系统学基础

反分析技术在系统学理论里，其可以看作为是系统的一对输入与输出。在岩土工程正分析系统中，将从事的岩土活动称为系统的输入，岩土体材料表现出来的应力或位移等外在响应可以看成是系统的输出。地下工程施工过程中，通过现场监控量测手段得到了围岩或支护结构的应力、变形等外在信息，通过分析反馈指导动态施工。在反分析系统模型中，这些已知的监测信息作为反分析系统的输入，而岩土体材料参数和应力状态都是未知的，需要通过反分析系统求解，作为反分析系统的输出。

研究发现，地下工程的整个系统可以看成一个分布参数系统，这个系统可以用一阶微分方程表示为如下形式：

$$F(\varphi,p,\varepsilon,t)\frac{\partial \varphi}{\partial t}+\sum_{i=1}^{4}F_i(\varphi,p,\varepsilon,t)=f(\varphi,p,\mu,\omega,\varepsilon,t) \tag{2.7}$$

初始条件： $$I(\varepsilon,0)=0 \tag{2.8}$$

边界条件： $$b(\varphi,p,w_b,\varepsilon,t)=0 \tag{2.9}$$

输出方程： $$y(t)=\int_{xh}g^x(\varphi,p,v,\varepsilon,t) \tag{2.10}$$

附加条件： $$h(\varphi,u,\varepsilon,x)>0 \tag{2.11}$$

式中　v，w_b，ω——边界上的噪声、量测噪声和过程噪声；

　　　φ，p，u——系统参数。

上述公式代表地下工程反分析系统中的约束条件，且综合了与相应参数之间的先验信息。

2.2　反分析基本原理

在地下工程领域，围岩参数反分析按照不同的分类标准可以划分为不同的类型。按照是否考虑围岩参数的不确定性，反分析可分为确定性反分析和非确定性反分析。按照所依据监测信息的不同，反分析可以分为位移反分析、应力反分析、应变反分析或混合反分析。按照计算过程的不同，反分析可以分为正反分析、逆反分析和图谱法反分析。由于按照计算过程进行反分析技术分类的方法最为明确直观，也是目前地下工程中应用最广的分类方法。因此，本节主要对正反分析、逆反分析和图谱法反分析进行围岩参数反分析的基本原理进行阐述。

2.2.1　正反分析

正反分析技术又叫优化反分析法，其可以直接利用正分析过程的步骤和程序，通过迭代计算对待反演参数的数值进行不断修正，结合某种优化方法在可行域内寻找一组待反演参数，使计算获得的位移值与实测位移值间误差最小，即获得围岩参数的反演结果。该方法本质上是把围岩参数反分析问题转化为对目标函数寻优的问题。相比逆反分析法和图谱法反分析，该方法是当前反分析研究中研究最深入、使用最广泛的一种反分析方法。

在正反分析计算过程中，各个待反演的围岩参数就是需要优化分析的对象，记为：

$$\{\boldsymbol{P}\} = [p_1, p_2, p_3, \cdots, p_n] \tag{2.12}$$

式中　$\{\boldsymbol{P}\}$——待反演的参数所组成的向量；

　　　p_1，p_2，p_3——待反演的围岩参数，分别代表围岩的变形参数、强度参数、黏性参数和地应力参数；

　　　n——待反演围岩参数的个数。

这里需要明确的一点是，待反演围岩参数的类型和个数均依赖于反分析计算中所选取的材料本构模型。对于线弹性模型，待反演参数仅含有弹性常数；对于弹塑性模型，除了弹性常数外，还要反演出相应的强度参数和塑性参数；而对于最复杂的黏-弹-塑性本构模型，则还应包含有相应的黏性模量和黏滞系数等围岩参数。

在正反分析计算中，常常以各变形测点实测位移值与其对应的计算位移值间的误差平方和作为优化问题的目标函数，即：

$$f(\boldsymbol{P}) = \sum_{i=1}^{m} \left(U_i - U_i^* \right)^2 \tag{2.13}$$

$$U_i = g(\boldsymbol{P}) \tag{2.14}$$

式中　U_i^*——现场变形测点的实测位移值；

　　　U_i——与变形测点相对应的计算位移值，是各个待反演参数的函数；

　　　n——变形测点的数目。

很明显，式(2.13)所示的目标函数是待反演围岩参数的函数。若要求解其最值问题，根据高等数学理论，则需要求解式(2.13)的一阶偏导数和二阶偏导数。然而，实际问题中由于地下工程问题的复杂性，$g(\boldsymbol{P})$ 的形式会非常复杂，导致 $f(\boldsymbol{P})$ 的表达形式也会非常复杂，甚至不存在显式的解析表达式。因此，采用对式(2.13)求导，进而寻找其最优值的思路并不是都行得通。在实际正反分析问题中，往往不采用对式(2.13)求导而直接通过正分析计算测点位移值，根据前后的误差值不断迭代调整直至寻优的方法。

式(2.13)中测点的计算位移值 U_i 的获得方法有很多种。对于简单的线弹性问题，可以直接采用理论公式计算。对于复杂的非线性弹塑性等问题时，可以采用数值计算方法获得，当然也可以根据待反演参数与对应测点计算位移的某种映射关系获得，比如常用的神经网络方法，就可以通过对样本集的训练学习从而具备根据待反演参数预测测点位移的能力。由于地下工程问题的复杂性，在反分析研究初期，研究者们多采用理论公式计算测点位移。随着反分析技术研究的深入以及计算机软硬件技术的快速发展，特别是在各种复杂的非线性材料本构模型提出来之后，由于变形测点的围岩位移往往不存在显式的理论表达式，研究者们将不得不借助于数值求解的方法计算测点的围岩位移。而采用神经网络进行预测测点位移的方法则是在人工智能被引入岩石力学领域后出现的，其对于计算耗时持久的大规模数值计算模型特别适用。

当采用正反分析技术时，需要根据测点的位移计算值与实测值的误差去逐步修正待反演的围岩参数，至于如何进行合理的调整和修正则需要采用某种优化方法，比如传统的优化方法有基于梯度下降或共轭梯度进行搜索的方法，有二分法、黄金分割法、斐波那契法、多项式逼近法；也有采用单纯形法或变数学规划法等。但这些方法都有一个致命的缺陷，就是这些方法只具备局部搜索能力而不具备全局搜索的能力，而且它们都有严重的初始依赖性，稳定性和健壮性也不强。随着人工智能技术的发展和引入，基于仿生智能的优化搜索，算法被广泛运用于地下工程围岩参数反分析中。仿生智能优化算法的基本思路是从大自然生物系统的进化和自适应现象中得到，它不依赖于严格的数学关系，而是模拟自然界中生物或群体的社会或生存行为。目前，比较热门或新颖的仿生优化算法有遗传算法、鱼群算法、粒子群算法和苍狼算法等。关于这些算法将在后续章节进行介绍，这里不再赘述。

2.2.2   逆反分析

逆反分析法，实际上是指在地下工程施工中将监控量测得到的有效信息代入到正向分析计算中，对代入的方程进行反推，最终转化为求解逆方程的过程。显然，仅从计算过程上看，逆反分析是正分析过程的一种反向计算。

式(2.14)是地下工程系统中正分析时测点位移与待反演参数的关系式，若通过某种理论推导方法，可以得到其逆函数，即待反演参数与测点位移的函数表达式为

$$P = G(U_i) \tag{2.15}$$

将变形测点的位移值输入式(2.15)，即可一次性得到所有的待反演参数。可见，逆反分析法的计算原理简明直观，占用内存少，运算效率高。为了提高反演计算的可靠性，通常需要测点位移的个数多于未知待反演参数的个数。否

则，反分析方程将会出现存在无穷多组解的情况。

　　然而，逆反分析法的程序编制往往比较复杂烦琐，而且也不具备普遍适用性。在介绍正反分析的原理时已经提到过，岩土体材料的非线性力学特性加上施工因素和地质环境的影响，地下工程问题将变得非常复杂，除了几何形状简单的线弹性力学问题存在待反演参数与围岩位移的显式表达式以外，绝大部分的岩土工程问题都不存在显式的解析表达式，无法对正分析的方程式(2.14)进行反推，也得不到逆反分析方程式(2.15)，进而导致逆反分析计算无法开展。

　　传统的逆反分析方法只对简单的线弹性问题有效，无法适用所有的围岩参数反分析问题。随着人工智能的发展，特别是神经网络的提出，使得逆反分析方法的普适性问题得到了很好的解决。神经网络具有强大的非线性映射能力，对构建的一组输入-输出样本集进行学习和训练后，就可以对任意输出进行高精度的预测。基于此，构建围岩位移(作为神经网络输入)-围岩参数(作为神经网络输出)的大量样本集，通过学习训练后，输入任一监测断面的围岩位移即可输出该断面的围岩参数。然而，神经网络的结构和权值对其预测泛化能力影响很大，若选择不当将会导致训练时间过长甚至收敛失败，使其不具备预测能力，此时往往需要采用某种优化算法对其结构和权值进行优化。虽然神经网络存在一定的缺陷，但可以看出，神经网络在反分析领域具有强大的实用性，目前广大研究者已经纷纷对基于神经网络的逆反分析开展了大量研究。

2.2.3　图谱法反分析

　　图谱法反分析技术最早是由我国学者杨志发提出的，其基于相似叠加原理通过有限元计算建立的标准洞室位移图谱来计算与实测位移对应的理论位移，将复杂的有限元计算转化成了简单的四则运算对岩体弹性模量和地应力水平分量进行反演，从而减少了计算工作量提高了计算速度，是一种实用价值较大的线弹性位移反分析方法。

　　由于图谱法采用的标准洞室洞形与实际工程中洞室形状相似，利用有限元计算标准洞室在某一荷载单独作用下的位移结果后，则可根据叠加原理得到有关实际洞室开挖位移$\{\delta\}$的计算公式：

$$\{\delta\} = N_{\gamma}\{\delta_0^{\gamma}\} + N_{\xi}\{\delta_0^{\xi}\} + N_q\{\delta_0^q\} + N_P\{\delta_0^P\} \tag{2.16}$$

式中　　$\{\delta_0^{\gamma}\}$——在自重应力作用下相应有限元图谱各节点的开挖位移；

　　　　$\{\delta_0^{\xi}\}$——在呈三角形分布的侧压力作用下有限元图谱各节点的开挖位

移；

$\{\delta_0^q\}$——在垂直向均布应力作用下有限元图谱各节点的开挖位移；

$\{\delta_0^p\}$——在水平地应力分量作用下有限元图谱各节点的开挖位移。

为了利用式（2.16）计算出实际洞室围岩中各节点的位移值，需要确定实际工程和与之相似的标准模型中各相应参数的比值可表达为

$$\begin{cases} N_\gamma = n_B n_\gamma / n_E \\ N_\xi = n_B n_\xi / n_E \\ N_q = n_B n_q / n_E \\ N_p = n_B n_p / n_E \end{cases} \qquad (2.17)$$

式中 N_γ、N_ξ、N_q、N_p——在各荷载单独作用下的位移比；

n_B、n_γ、n_E、n_ξ、n_q、n_p——洞室尺寸比、容重比、弹性模量比、侧压力比、垂直和水平均布荷载比。

下面以 E、P 双值图解法为例，简要介绍图谱法求解的一般过程：首先，根据式（2.16）和式（2.17）对测点 i 和测点 j 的位移进行计算，并绘制在不同弹性模量条件下位移随初始地应力水平分量变化的 E-σ_x-δ 关系图；考虑到测点 i 和 j 处于同一应力场中，将两张 E-σ_x-δ 关系图的横轴置于同一水平线上；然后根据两测点实测位移 u_{im} 和 u_{jm} 做平行 σ_x 轴的垂线，与各线分别交于 I_1, I_2, I_3, …, I_{k+1} 和 J_1, J_2, J_3, …, J_{k+1}，并依次连接 I_1, J_1, I_2, J_2, …, I_{k+1}, J_{k+1}，寻找到一条水平指示线（如图 2.1 中的 I_kJ_k），则可反演得到唯一的弹性模量和初始地应力水平分量解。

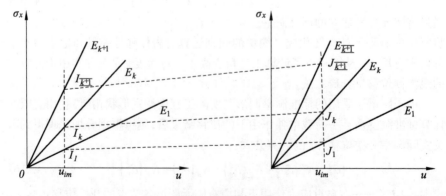

图 2.1　图谱法示意

由于图谱法反分析技术的原理简单直观，方便快捷，在地下工程围岩参数

反分析研究的初期，使用者较多。随着反分析技术研究的深入以及非线性力学本构模型的大量采用，线弹性材料本构模型过于简单，并不适用描述复杂的岩土体力学行为，导致其目前在地下工程反分析中的应用逐渐减少。

2.3　常见的优化计算方法

从上述正反分析技术和逆反分析技术的基本原理可知，在对地下工程岩土体的力学参数进行反演时，需要选择合适的优化计算方法进行求解。下面，将对地下工程围岩参数反分析研究中常用的几种优化计算方法进行简要的介绍[82]。

2.3.1　传统优化方法

在高等数学理论里，传统的数学优化方法有梯度下降法、牛顿法、黄金分割法、二分法、共轭梯度法以及单纯形法和数学规划法等。这里以最常见的梯度下降法[83]（Gradient Descent Method）为例，进行简要说明。

从数学研究的观点来看，求解最优化问题往往是将其转化为求解函数极值的数学问题，即寻找函数的极大值和极小值。高等数学中，微积分方法为求函数极值问题提供了一个统一的思路——也就是寻找函数导数等于 0 的点。因为在极值点处，导数必定为 0；所以，只要函数是可导的，就可以用这种万能的方法去解决问题。本书在介绍正反分析技术的基本原理时，提到可以将围岩参数反分析问题归结为一个目标函数求最小值的问题，即

$$\min_{x} f(x) \tag{2.18}$$

式中　x——优化变量，在围岩参数反分析问题中，就是待反演的围岩参数；

　　　$f(x)$——目标函数。

对于多元函数，需要对其各个自变量求偏导数，形成的向量记为该多元函数的梯度，形式为

$$\nabla f(x) = \left(\frac{\partial f}{\partial x_1}, \cdots, \frac{\partial f}{\partial x_n} \right)^{\mathrm{T}} \tag{2.19}$$

其中∇称为梯度算子，它作用于一个多元函数时，即可得到一个梯度向量。很

明显，一个可导函数在某一点处取得极值的必要条件是梯度为 0，也就是说梯度为 0 的点称为函数的驻点，这是疑似极值点。需要注意的是，梯度为 0 只是函数取极值的必要条件而不是充分条件，即梯度为 0 的点可能不是极值点。因此，当一个函数的形式比较简单时，这种通过令梯度为 0 求解方程组的方法是可行的。然而，当一个函数的形式非常复杂，甚至是不存在显式的解析表达式时，采用这种方法求极值就难以奏效了。

精确的求解不太可能，于是只能通过数值计算方法求得近似解。工程上实现时通常需要采用迭代法，它从一个初始点 x_0 开始，反复使用某种规则从 x_k 移动到下一个点 x_{k+1}，构造这样一个数列，直到收敛到梯度为 0 的点处，即满足：

$$\lim_{k \to +\infty} \nabla f(x_k) = 0 \tag{2.20}$$

这种迭代法的核心是得到这样的由上一个点确定下一个点的迭代公式：

$$x_{k+1} = h(x_k) \tag{2.21}$$

这就好比一个羊群处于山上的某一位置，需要到山底找水喝，羊必须到达最低点处，但没有全局信息，根本就不知道哪里是地势最低的点，只能想办法往山下走，走一步看一步。刚开始在山上的某一点处，每一步都往地势更低的点走，以期望能走到山底。

下面给出梯度下降法的推导。多元函数 $f(x)$ 在 x 点处的泰勒展开式为

$$f(x + \Delta x) = f(x) + (\nabla f(x))^T \Delta x + o(\Delta x) \tag{2.22}$$

由式 (2.22) 可得函数的增量与自变量的增量、函数梯度之间的关系，可表示为

$$f(x + \Delta x) - f(x) = [\nabla f(x)]^T \Delta x + o(\Delta x) \tag{2.23}$$

如果 Δx 足够小，在 x 的某一邻域内，则可以忽略二次及以上的项，有

$$f(x + \Delta x) - f(x) \approx [\nabla f(x)]^T \Delta x \tag{2.24}$$

这里 Δx 是一个向量，有无穷多种方向，如果能保证

$$[\nabla f(x)]^T \Delta x < 0 \tag{2.25}$$

则可保证函数值递减，这就是下山的正确方向。因为式 (2.25) 可表示为

$$[\nabla f(x)]^T \Delta x = \| \nabla f(x) \| \| \Delta x \| \cos \theta \tag{2.26}$$

式中　$\| \cdot \|$——向量的模；

　　　θ——向量 $\nabla f(x)$ 和 Δx 的夹角。

由于向量的模一定为非负，如果有 $\cos \theta$ 小于 0，则可保证式 (2.25) 成立，即选择合适的增量 Δx，就能保证函数下降。要达到这一目的，只要保证梯度

和 Δx 的夹角的余弦值小于 0 就可以了。当夹角 θ 等于 180° 时，夹角余弦值等于 -1，函数的减小量最大，也就是自变量增量取负梯度方向时，函数下降得最快。因此，梯度下降法也叫作最速下降法。

此时，函数的下降值为

$$[\nabla f(x)]^{\mathrm{T}} \Delta x = -\|\nabla f(x)\| \|\Delta x\| = -\alpha \|\nabla f(x)\|^2 \qquad (2.27)$$

只要梯度不为 0，往梯度的反方向走，函数值一定是下降的。直接用 $\Delta x = -\nabla f(x)$ 可能会有问题，因为 $x + \Delta x$ 可能会超出 x 的邻域范围之外，此时将不能忽略泰勒展开式中的二次及以上的项的，因此步长不能太大。一般设

$$\Delta x = -\alpha \nabla f(x) \qquad (2.28)$$

其中 α 为一个接近于 0 的正数，称为步长，由人工设定，用于保证 $x + \Delta x$ 在 x 的邻域内，从而可以忽略泰勒展开式中二次及更高次的项。

从初始点 x_0 开始，使用如下迭代公式：

$$x_{k+1} = x_k - \alpha \nabla f(x_k) \qquad (2.29)$$

只要没有到达梯度为 0 的点，则函数值会沿着序列 x_k 递减，最终会收敛到梯度为 0 的点，这就是梯度下降法。迭代终止的条件是函数的梯度值为 0（实际实现时是接近于 0），可认为此时已经达到极值点。需要注意的是找到的是梯度为 0 的点，这不一定就是最值。图 2.2 为某二元函数采用梯度下降法寻找最值的迭代过程，箭头方向表示函数逐步下降的方向。

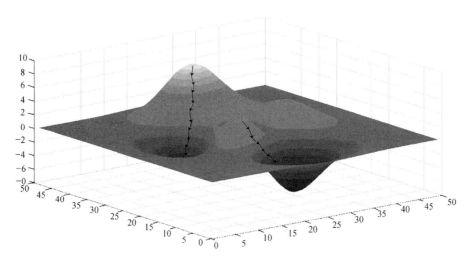

图 2.2　梯度下降法的寻优过程

除此之外，标准的梯度下降法主要有以下两个缺点：

(1)训练速度慢：在应用于大型数据集中，每输入一个样本都要更新一次参数，且每次迭代都要遍历所有的样本，会使得训练过程极其缓慢，需要花费很长时间才能得到收敛解。

(2)容易陷入局部最优解：由于是在有限视距内寻找"下山"的反向，当陷入平坦的"洼地"，会误以为到达了"山地"的最低点，从而不会继续往下走。所谓的局部最优解就是鞍点，落入鞍点，梯度为 0，使得模型参数不再继续更新。

为了克服传统梯度下降法的缺陷，某些梯度下降法的变种相继被提出，如批量梯度下降法、随机梯度下降法、引入动量的梯度下降法等。

2.3.2 仿生智能优化方法

仿生智能优化算法[84]是智能优化算法的一种，智能优化算法也叫启发式算法，其自适应是指处理和分析过程中，根据处理数据的数据特征自动调整处理方法、处理顺序、处理参数、边界条件或约束条件。与更为大众的动态规划算法、贪心算法这一类分解问题并局部求解最后再组合的算法不同，智能优化算法的思路是通过不断的迭代试错来优化自身产出的解。比较常见的智能优化算法有遗传算法[85]、蚁群算法[86]、鱼群算法[87]、粒子群算法[88]等，下面以仿生优化算法中比较具有代表性的遗传算法(Genetic Algorithm)为例阐述仿生智能优化算法的大致逻辑。

遗传算法[89]又叫基因进化算法或进化算法，属于启发式搜索算法的一种。遗传算法的理论是根据达尔文进化论而设计出来的算法：物种是朝着好的方向(最优解)进化，在进化过程中会自动选择优良基因、淘汰劣等基因。遗传算法最早由美国的 J. Holland 教授于 1975 年在他的专著《自然界和人工系统的适应性》中提出，模拟自然选择和自然遗传过程中发生的繁殖、交叉和基因突变现象。

遗传算法的基本步骤：

(1)随机生成由定长二进制字符串组成的初始群体。

(2)循环下列各步，直到新群体中出现满足终止条件的解为止。

①计算每个个体的适应值；

②基于适应值，从群体中选择出若十个体；

③对选择出的个体进行交叉及变异操作，此后的个体放入新群体。

(3)选择最佳个体作为最终结果。

图 2.3 为遗传算法的示意图。

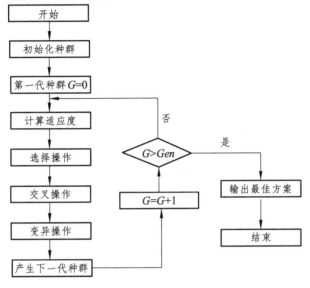

图 2.3　遗传算法示意

作为一种优化算法，在遗传算法里，一条染色体代表一个候选解(个体)，多条染色体就代表了一个种群。进化从完全随机个体的种群开始，之后一代一代发生。在每一代中，评价整个种群的适应度，再基于种群的适应度从当前种群中随机地选择多个个体，通过自然选择和突变产生新的生命种群，该种群在算法的下一次迭代中成为当前种群。

遗传算法的组成包括三个部分：编码、适应度函数、遗传算子(选择、交叉、变异)，下面分别一一介绍。

(1)编码。

遗传算法(GA)通过某种编码机制把对象抽象为由特定符号按一定顺序排成的串。正如研究生物遗传是从染色体着手，而染色体则是由基因排成的串。基本遗传算法(Simple Genetic Algorithm，SGA)使用二进制串进行编码。基本遗传算法采用随机方法生成若干个个体的集合，该集合称为初始种群。初始种群中个体的数量称为种群规模。

(2)适应度函数。

遗传算法对一个个体(解)的好坏采用适应度函数值来进行评价,适应度函数值越大,说明解的质量越好,评价越高。适应度函数是遗传算法进化过程的驱动力,也是进行自然选择的唯一标准,它的设计应结合求解问题本身的要求而确定。

(3)遗传算子(选择、交叉、变异)。

选择算子:遗传算法中,使用选择运算对种群中的个体进行优胜劣汰操作。种群中适应度高的个体被遗传到下一代群体中的概率大,而适应度低的个体,则被遗传到下一代群体中的概率小。选择操作的任务就是从上一代群体中选取一些优良的个体,遗传到下一代群体中。基本遗传算法中,一般选择算子采用轮盘赌选择的方法(见图 2.4 所示)。

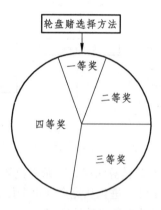

图 2.4　轮盘赌选择方法

轮盘赌选择又称比例选择算子,其基本思想是:各个个体被选中的概率与其适应度函数值大小成正比。

设群体大小为 N,个体 x_i 的适应度为 $f(x_i)$,则个体 x_i 的选择概率为

$$P(x_i) = \frac{f(x_i)}{\sum_{j=1}^{N} f(x_j)} \tag{2.30}$$

交叉算子:交叉运算,是指对两个相互配对的染色体依据交叉概率 P_c 按某种方式相互交换其部分基因,从而形成两个新的个体。交叉运算是遗传算法区别于其他进化算法的重要特征,它在遗传算法中起关键作用,是产生新个体的主要方法。基本遗传算法(SGA)中交叉算子采用单点交叉算子。

单点交叉运算如图 2.5 所示。

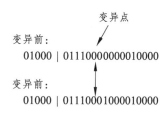

图 2.5　单点交叉运算示意

变异算子：变异运算，是指改变个体编码串中的某些基因值，从而形成新的个体。变异运算是产生新个体的辅助方法，决定遗传算法的局部搜索能力，保持种群多样性。

交叉运算和变异运算的相互配合，共同完成对搜索空间的全局搜索和局部搜索。基本遗传算法（SGA）中变异算子采用基本位变异算子。基本位变异算子是指对个体编码串随机指定的某一位或某几位基因作变异运算。对于二进制编码符号串所表示的个体，若需要进行变异操作的某一基因座上的原有基因值为 0，则将其变为 1；反之，若原有基因值为 1，则将其变为 0。

基本位变异算子的执行过程如图 2.6 所示。

图 2.6　基本位变异算子执行示意

很显然可以看出，相比传统优化算法，遗传算法具有全局搜索能力，不易陷入局部最优，而且遗传算法直接以目标函数值作为搜索信息。它仅仅使用适应度函数值来度量个体的优良程度，不涉及目标函数值求导求微分的过程。因为在现实中很多目标函数是很难求导的，甚至是不存在导数的，所以这一点也使得遗传算法显示出高度的优越性。然而，遗传算法也有固有的缺陷，比如早熟问题，以及涉及大量个体的计算，当问题复杂时，计算时间将大大增加，导致计算成本较高，同时稳定性较差，因为算法属于随机类算法，需要多次运算，结果的可靠性差，不能稳定的得到解。

2.4　本章小结

本章主要介绍了地下工程围岩参数反分析的基本理论,阐述了围岩正反分析、逆反分析和图谱法反分析的基本原理,分析了各类反分析方法的优缺点和适用性,最后分别以传统优化算法——梯度下降法和仿生智能优化算法——遗传算法为例,简要对围岩参数反分析研究中常用的优化方法进行了介绍。主要得出以下结论:

(1)正反分析法对所有地下工程围岩参数反分析问题具有普遍适用性,但是正反分析的反演效果依赖于优化算法的合理选择,传统的逆反分析法只适用于简单的线弹性问题反分析,而基于神经网络的逆反分析法则可以大大提高其对地下工程围岩参数反分析问题的适用性,而图谱法只适用于简单的线弹性问题,对于非线性弹塑性问题的反演难以奏效。

(2)传统的优化算法只具备局部搜索能力,易陷入局部最优,而基于仿生智能的优化方法则具备全局搜索能力,而且不用对目标函数求导,直接采用适应度函数来衡量个体优劣,但是标准的仿生智能优化算法涉及大量个体的计算,当问题复杂时,计算效率较低,同时稳定性差,结果的可靠性差。

CHAPTER THREE

第3章
地下工程围岩参数敏感性分析

当开展地下工程围岩参数反分析时,首先需要确定待反演的围岩参数类型及数目。大量的研究表明,围岩参数反分析计算能否取得成功的一个重要影响因素就是本构模型的合理选择与待反演参数的确定[67, 76, 90-94]。赋存于复杂地应力环境中的天然岩体,是一种非均匀、非连续的特殊材料,具有高度的非线性力学特性,在进行地下工程稳定性分析或数值仿真计算时,要想使建立的力学模型与现场实际工程条件完全符合是不可能的。在对围岩力学本构模型的选取上,考虑因素越多,约束条件越强,建立出的力学模型就越复杂,模拟计算时就越接近工程的真实情况;但如此一来,无疑增加了待反演参数的数量和反分析计算的规模,又导致在进行地下工程围岩参数反分析计算过程中遇到的困难增多。从工程应用角度来讲,围岩参数反分析计算的主要目的是服务于工程建设,为工程实际解决问题。因此,对于围岩反演参数的确定,应当与工程实践紧密结合,针对工程条件有选择性地开展[95]。

目前,在对于地下工程进行围岩稳定性分析研究时,基于莫尔-库仑屈服准则的弹塑性力学本构模型的应用最广泛,研究也最深入。同时,相比其他类型的塑性屈服准则而言,莫尔-库仑屈服准则的强度参数只有2个,分别为黏聚力和内摩擦角,这就意味着待反演的参数较少,操作相对简单。因此,在本书中,描述围岩材料力学性质的本构模型的反演辨识将不做研究,假定围岩材料符合莫尔-库仑准则的弹塑性本构模型,只对围岩的力学参数进行反分析研究[4]。

在基于莫尔-库仑准则的弹塑性本构模型中,围岩力学参数包括围岩模型参数和围岩环境参数。围岩环境参数主要指的是围岩应力场参数,通常用围岩水平侧向应力与竖向应力之比表示,即侧压力系数,用以表征长期历史以来的地质构造对围岩应力场的影响。围岩模型参数主要包括围岩变形参数(变形模量、泊松比、剪胀角)、强度参数(黏聚力、内摩擦角和抗拉强度),其中变形模量和泊松比为弹性变形参数,剪胀角为塑性变形参数,黏聚力和内摩擦角为抗剪强度参数。因此,基于莫尔-库仑屈服准则的弹塑性力学本构模型的围岩参数一共有7个,将导致围岩参数反分析的规模和难度大大增加。事实上,要将所有的围岩参数全部准确反演既不必要，也不现实。在实际围岩参数反分析研究中，为了降低反分析计算的难度和规模，广大研究者一般都选取了这些参数中的部分参数进行反演研究，然而究竟应该选取哪些参数进行反演计算，至今没有定论，现有文献中的待反演围岩参数的类型也是五花八门。因此，本章将从数值模拟的角度，对影响地下工程围岩变形的力学参数进行敏感性分析，研究各个参数对围岩变形的影响规律，为地下工程中待反演围岩参数的合理选取提供依据。

3.1　参数敏感性分析方法

由于影响地下工程围岩变形的因素较多[96, 97]，本书暂不考虑现场施工因素及外界环境因素的影响，仅探究基于莫尔-库仑屈服准则的弹塑性本构模型下围岩强度参数、变形参数和围岩应力场参数对地下工程围岩变形的影响程度。

对于多因素的参数敏感性分析，可以根据各参数对隧洞周围岩变形量的影响程度来表征。假设隧洞围岩变形量与各影响因素之间的函数关系为

$$U = F(p_1, p_2, p_3, \cdots, p_n) \tag{3.1}$$

式中　$p_1, p_2, p_3, \cdots, p_n$ ——各影响因素变量；

　　　U——各因素的引起的隧洞围岩变形量。

为简化计算，采用单因素敏感性分析方法研究各因素对围岩变形的影响程度。所谓单因素敏感性分析，就是采用控制变量的方法，在保持其余各参数不变的条件下，仅改变某单一因素变量时，研究其对隧道围岩变形的影响程度。

然而，由于各影响因素变量是不同类型的物理量，具有不同的单位和量纲，在实际分析计算中，不能将计算结果直接进行对比研究。为了获得系统特性对各影响因素的敏感度，有必要对各参数进行归一化处理。

定义围岩变形对各参数的敏感度为围岩变形的相对变化量与各影响参数的相对变化量的比值，即

$$a = \left| \frac{\Delta U_i}{U^*} \right| \bigg/ \left| \frac{\Delta P_j}{P^*} \right| \tag{3.2}$$

式中　ΔU_i ——隧洞某个特征部位围岩变形的变化量；

　　　$i=1, 2$ ——代表隧洞的拱顶和拱腰部位；

　　　U^* ——围岩变形参考值；

ΔP_j——某一围岩参数的变化量；

P^*——某一围岩参数的参考值。

a 值越大，说明隧道围岩变形对某一参数的变化越敏感，即该参数即使产生了较小的变化，也会引起围岩产生较大的变形；反之，则表示隧道围岩变形对该参数不敏感。

3.2　敏感性分析计算方案

由于采用数值仿真模拟地下工程施工方便快捷，本节采用 FLAC3D 有限差分软件模拟某一隧道动态施工过程，通过控制某一围岩参数单独变化以研究其对围岩变形的敏感性。选取位于均质地层的某圆形隧道，直径 8 m，埋深 200 m，全断面开挖，采用锚喷支护，喷射混凝土强度等级为 C30，隧洞周边布设全长黏结型系统锚杆，间排距均为 1.2 m，直径 25 mm，梅花形布置。采用 FLAC3D 有限差分软件建立数值分析计算模型如图 3.1 所示。

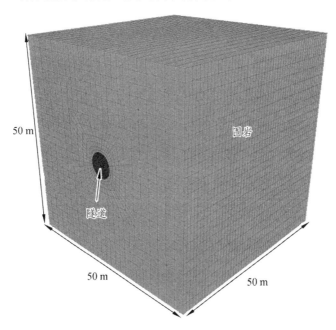

图 3.1　数值计算模型

　　数值计算时，锚杆和喷射混凝土均采用线弹性本构模型，锚杆使用软件自带的 Cable 结构单元模拟，喷射混凝土采用 Shell 结构单元模拟。锚杆计算参数：弹性模量 210 GPa；泊松比 0.2。喷射混凝土计算参数：弹性模量 30 GPa；泊松比 0.25；厚度 0.3 m。

　　由于考虑侧压力系数的影响，数值计算时不能采用对数值模型侧面施加法向约束来施加位移边界条件，需要通过对侧面施加面力实现水平方向不同侧压力的作用。此外，模型底面采用法向位移约束，顶面施加法向面力模拟上覆岩体自重，顶面面力荷载值可以根据隧道相应埋深进行计算获得。图 3.2 为计算模型边界条件示意图。

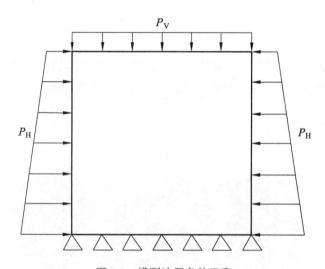

图 3.2　模型边界条件示意

　　为研究围岩变形参数、强度参数和应力场参数对隧道围岩变形的影响，根据国家标准《工程岩体分级标准》(GB/T 50218—2014)给出的不同质量级别围岩物理力学参数建议值，见表 3.1。针对每种因素变量划分 4 个水平，制订围岩参数敏感性分析计算方案，见表 3.2。

表 3.1　岩体物理力学参数建议值

岩体基本质量级别	重力密度/(kN/m³)	抗剪断峰值强度		变形模量/GPa	泊松比
		内摩擦角/(°)	黏聚力/MPa		
I	>26.5	>60	>2.1	>33	<0.2
II		60～50	2.1～1.5	33～16	0.2～0.25
III	26.5～24.5	50～39	1.5～0.7	16～6	0.25～0.30
IV	24.5～22.5	39～27	0.7～0.2	6～1.3	0.30～0.35
V	<22.5	<27	<0.2	<1.3	>0.35

表 3.2　围岩参数敏感性分析计算方案

工况编号	变形模量/GPa	泊松比	黏聚力/MPa	内摩擦角/(°)	抗拉强度/MPa	剪胀角/(°)	侧压系数
1	1.3	0.3	1.4	49	0.7	15	1.5
2	11.3						
3	22.3						
4	33						
5	22.3	0.2	1.4	49	0.7	15	1.5
6		0.25					
7		0.3					
8		0.35					
9	22.3	0.3	0.2	49	0.7	15	1.5
10			0.8				
11			1.4				
12			2.1				
13	22.3	0.3	1.4	27	0.7	15	1.5
14				38			
15				49			
16				60			

续表

工况编号	变形模量/GPa	泊松比	黏聚力/MPa	内摩擦角/(°)	抗拉强度/MPa	剪胀角/(°)	侧压系数
17					0.1		
18	22.3	0.3	1.4	49	0.4	15	1.5
19					0.7		
20					1.0		
21						5	
22	22.3	0.3	1.4	49	0.7	10	1.5
23						15	
24						20	
25							0.5
26	22.3	0.3	1.4	49	0.7	15	1
27							1.5
28							2

　　表 3.2 中，工况 1～4 用于研究变形模量对隧道围岩变形的影响，工况 5～8 用于研究泊松比对隧道围岩变形的影响，工况 9～12 用于研究黏聚力对隧道围岩变形的影响，工况 13～16 用于研究内摩擦角对隧道围岩变形的影响，工况 17～20 用于研究抗拉强度对隧道围岩变形的影响，工况 21～24 用于研究剪胀角对隧道围岩变形的影响，工况 25～28 用于研究侧压力系数对隧道围岩变形的影响。很明显，工况 3、工况 7、工况 11、工况 15、工况 19、工况 23 和工况 27 中的计算参数完全一致，属于重复计算工况，但为了便于描述，这里仍将其记为不同的工况编号。

　　沿着隧道施工方向，选定计算模型中间部位为监测断面，选取图 3.3 所示监测断面上特征部位的围岩变形进行研究。考虑对称性，本书中选择拱顶 A 的沉降变形和左拱腰部位 B 的水平收敛变形作为隧道围岩变形的代表进行研究。

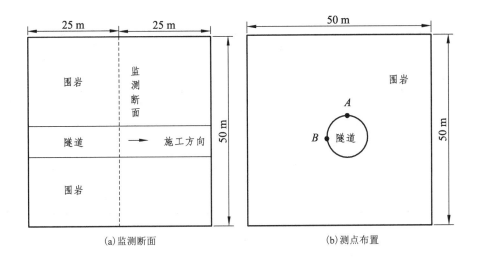

图 3.3　监测断面及测点布置

3.3　参数敏感性结果分析

3.3.1　拱顶沉降

表 3.3 给出了各工况计算完毕后拱顶部位的沉降值。图 3.4 绘出了各影响因素不同水平条件下拱顶沉降的变化曲线。

表 3.3　各计算工况的拱顶沉降值

工况编号	沉降/mm	工况编号	沉降/mm
1	11.26	8	0.70
2	1.30	9	1.14
3	0.66	10	0.81
4	0.42	11	0.66
5	0.56	12	0.63
6	0.61	13	1.59
7	0.66	14	0.85

续表

工况编号	沉降/mm	工况编号	沉降/mm
15	0.66	22	0.65
16	0.63	23	0.66
17	0.66	24	0.67
18	0.66	25	1.14
19	0.66	26	0.88
20	0.66	27	0.66
21	0.65	28	0.54

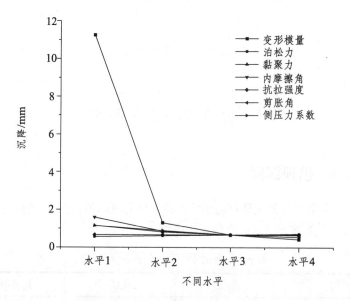

图 3.4   各影响因素不同水平条件下拱顶沉降的变化曲线

由表 3.3 和图 3.4 可知：不同围岩参数对隧道拱顶沉降变形的影响程度明显不同。大体上，拱顶沉降对各参数的敏感性可分为三个梯度。变形模量对拱顶沉降的影响最大，位于第一梯度，不同水平间的拱顶沉降相差较大，最大相差约 10 mm。其次，内摩擦角、黏聚力和侧压力系数等参数位于第二梯度，对拱顶沉降的影响次之，拱顶沉降随着此三种围岩参数的变化呈现一定程度的变化。最后，在不同的泊松比、剪胀角和抗拉强度条件下，隧道拱顶沉降的变化

曲线近似水平，说明泊松比、剪胀角和抗拉强度等参数对拱顶沉降的影响程度
最弱，位于第三梯度。

　　根据 3.1 节所述的围岩参数敏感性计算分析方法，可以计算得到隧道拱顶
沉降对各个围岩参数的敏感度，如表 3.4 所示。由表 3.4 可知，隧道拱顶沉降
对围岩变形模量和内摩擦角的敏感度较大，对围岩泊松比、黏聚力和侧压力系
数的敏感度次之，而对围岩剪胀角和抗拉强度的敏感度最小。隧道拱顶沉降对
各围岩参数的敏感性按从大到小进行依次排序为：变形模量>内摩擦角>侧压
力系数>黏聚力>泊松比>剪胀角>抗拉强度。这与上述对图 3.4 和表 3.3 定性分
析的敏感性结果基本一致。

表 3.4　隧道拱顶沉降对各围岩参数的敏感度

因素	变形模量/GPa	泊松比	黏聚力/MPa	内摩擦角/(°)	抗拉强度/MPa	剪胀角/(°)	侧压力系数
敏感度	1.70	0.40	0.45	1.36	0	0.03	0.62

3.3.2　拱腰收敛

　　表 3.5 给出了各工况计算完毕后拱腰部位的水平收敛值。图 3.5 绘出了各
影响因素不同水平条件下拱腰水平收敛的变化曲线。

表 3.5　各计算工况的拱腰水平收敛值

工况编号	水平收敛/mm	工况编号	水平收敛/mm
1	24.78	10	1.56
2	2.86	11	1.45
3	1.45	12	1.42
4	0.90	13	1.83
5	1.40	14	1.55
6	1.43	15	1.45
7	1.45	16	1.43
8	1.48	17	1.47
9	1.77	18	1.45

续表

工况编号	水平收敛/mm	工况编号	水平收敛/mm
19	1.45	24	1.45
20	1.45	25	0.19
21	1.44	26	0.80
22	1.44	27	1.45
23	1.45	28	2.15

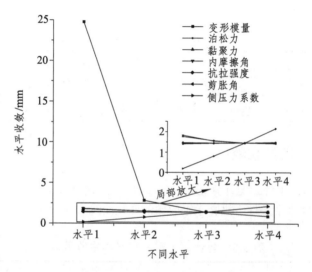

图 3.5　各影响因素不同水平条件下拱腰水平收敛的变化曲线

　　由表 3.5 和图 3.5 分析可知：各围岩参数对拱腰部位水平收敛的影响程度并不相同。与隧道拱顶沉降对围岩参数的敏感性规律一致，拱腰水平收敛变形对各参数的敏感性大致也可分为三个梯度。首先，位于第一梯度的围岩参数为变形模量，其对拱腰水平收敛变形的影响最大，不同水平下的拱腰水平收敛变形相差较大。其次，位于第二梯度的围岩参数包括侧压力系数、内摩擦角和黏聚力，其对拱腰水平收敛变形的影响次之。最后，位于第三梯度的围岩参数为泊松比、抗拉强度和剪胀角，此三种围岩参数不同水平下的拱腰水平收敛曲线近似水平，说明拱腰水平收敛变形受围岩泊松比、抗拉强度和剪胀角的影响较小。

根据前述 3.1 节所述的围岩参数敏感性计算分析方法，可以计算得到隧道拱腰水平收敛变形对各围岩参数的敏感度如表 3.6 所示。由该表分析可知，隧道拱腰水平收敛对围岩变形模量和侧压力系数的敏感度较大，对内摩擦角、黏聚力和泊松比的敏感度次之，而对围岩剪胀角和抗拉强度的敏感度最小。隧道水平收敛变形对各围岩参数的敏感性按从大到小进行排序为：变形模量>侧压力系数>内摩擦角>黏聚力>泊松比>抗拉强度>剪胀角。

表 3.6　各因素影响下拱顶沉降的敏感度

因素	变形模量 /GPa	泊松比	黏聚力 /MPa	内摩擦角 /(°)	抗拉强度 /MPa	剪胀角 /(°)	侧压力 系数
敏感度	1.71	0.1	0.16	0.34	0.02	0.01	1.4

综合前述隧道拱顶沉降和拱腰水平收敛变形对各个围岩参数的敏感性分析结果，发现各个参数中，围岩变形模量对隧道围岩的影响最大，内摩擦角和侧压力系数的影响次之，而围岩黏聚力、泊松比、剪胀角和抗拉强度对隧道围岩变形的影响则相对较小。在对围岩参数进行反分析时，当待反演的参数较少时，反分析的规模也较小，计算效率较高，但与实际工程的吻合度不高。因此，在地下工程反分析研究中，待反演参数的个数一般不宜少于 2 个。然而，当反演参数过多时，将导致反分析的计算规模和计算成本显著增加。因此，大多数研究者在反分析计算时，其选择的待反演参数个数一般不超过 4 个。鉴于此，本书在进行围岩参数反分析计算时，确定 4 个待反演参数。根据前述隧道围岩变形对围岩各参数的敏感性分析结果，确定的 4 个围岩参数分别为变形模量、侧压力系数、摩擦角和黏聚力。

3.4　本章小结

本章通过采用数值模拟的方法研究了围岩变形模量、泊松比、黏聚力、内摩擦角、抗拉强度、剪胀角和侧压力系数等围岩参数对地下工程施工中围岩变形的影响程度，为地下工程围岩参数反分析中待反演参数的合理选择提供了依据，获得的主要结论如下：

（1）不同围岩力学参数对地下工程围岩变形的影响程度不同。隧道洞周围岩变形对各个围岩参数的敏感性大致可以分为三个梯度。位于第一梯度的围岩参数为变形模量，位于第二梯度的围岩参数包括内摩擦角、黏聚力和侧压力系数，位于第三梯度的围岩参数包括泊松比、抗拉强度和剪胀角。位于这三个梯度的围岩力学参数对地下工程围岩变形的影响程度呈逐渐减小趋势。

（2）综合隧道拱顶沉降和拱腰水平收敛变形对各个围岩参数的敏感度分析结果可知，各个围岩参数对地下工程围岩变形的影响程度，按照从大到小的排列顺序依次为变形模量、侧压力系数、内摩擦角、黏聚力、泊松比、剪胀角和抗拉强度。

CHAPTER FOUR

第 4 章
地下工程动态施工物理模型实验

众所周知，现场监控量测技术是地下工程围岩参数反分析的基础和前提。然而，由于当前现场监测技术的发展水平，监测元件的布设通常要滞后开挖一段时间。大量的实践表明，掌子面前方的岩体在掌子面达到之前就已经由于开挖扰动的影响产生了一定量的先期变形。监测元件布设之前的围岩变形是无法获取的，被称为位移损失。因此，实际监测到的围岩变形仅仅是围岩全量位移的一部分，而围岩参数反分析时采用的计算位移通常是计算得到的围岩全量位移，这两种位移的不一致性就给围岩参数反分析的研究带来了极大困难。如果这个问题得不到解决，将无法准确合理地反演出围岩参数，极大地限制了围岩参数反分析技术的应用。目前，虽有部分学者提出了监测位移损失补偿的方法，但大多都是基于一定假设的理论研究，并没有可靠的试验依据。

而基于相似原理的地质力学物理模型试验技术，采用在物理模型体内预埋监测元件的方法，可以完整地记录隧道施工全过程的围岩变形和应力变化，这就完美解决了现场监控量测存在位移损失的问题[1]。因此，本章通过开展地下工程施工过程的真三维地质力学物理模型试验，研究隧道施工过程中围岩位移的释放规律，进而提出合理的监测位移损失补偿的方法。

4.1 物理模型相似材料研制

4.1.1 依托工程

本章以我国云南省特大型调水工程——滇中引水工程的香炉山隧洞为依

托工程。滇中引水工程位于青藏高原的东南部，线路全长 663.23 km，属区域性长距离调水工程。香炉山隧洞位于滇中引水工程总线路的首段，洞区跨越金沙江与澜沧江分水岭，穿越地层岩性十分复杂，其中：碎屑岩占 52.4%，岩性主要为砂岩、页岩、泥岩、粉砂岩、砂砾岩等，软岩所占比例较大；碳酸盐岩占 25.7%，主要岩性为灰岩、泥灰岩、白云岩、白云质灰岩等；变质岩占 10.3%，主要为绢云微晶片岩和绢云母、泥质砂质板岩、少量千枚岩、大理岩等；岩浆岩占 11.5%，主要为二叠系玄武岩和其他时期的侵入岩。香炉山隧洞起于石鼓水源地，止于松桂镇，全长 63.426 km，沿线地面高程一般为 2 400 ~ 3 400 m，最大埋深 1 412 m，众多洞段具有极高应力场背景，为滇中引水工程的控制性工程。

香炉山隧洞段穿越的马耳山地质条件复杂，褶皱、断裂发育，沿线发育多条大断(裂)层，成洞条件总体较差，围岩稳定问题突出。图 4.1 为香炉山隧洞局部洞段，本次模型试验选取典型大埋深洞段 DL37+845 ~ DL37+915。该洞段平均埋深约为 1 000 m，隧洞断面为圆形，采用 TBM 掘进机开挖，C30 混凝土衬砌管片支护。研究洞段内包含一条宽约 15 m 的倾斜软弱断层带，倾角约65°。隧洞轴线与软弱断层带近似正交，断层带内为 V 类围岩，主要成分为粉砂质泥岩，单轴抗压强度不足 20 MPa，是一种典型的软岩。断层带前后两侧为 Ⅲ 类围岩，岩体结构较完整，岩性为灰岩，单轴抗压强度约 70 MPa，属坚硬岩石。

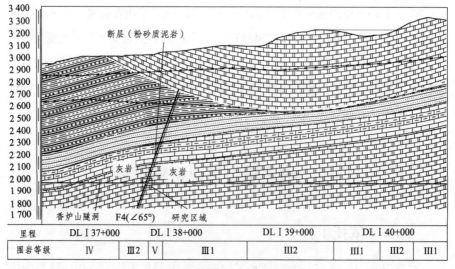

图 4.1　香炉山隧洞地质剖面图

4.1.2　模型试验相似条件

地质力学模型试验是真实物理实体的再现，在基本满足相似原理的条件下，能够真实地反映地质构造和工程结构的空间关系，准确模拟岩体工程施工的全过程，获取岩体和工程结构的应力、变形规律，为工程设计和施工提供可靠依据[1]。

地质力学模型试验的相似原理是指模型上重现的物理现象应与原型相似，即要求模型材料、形状和荷载等均需遵循一定的规律。把原型(P)和模型(M)之间具有相同量纲的物理量之比称为相似比尺，用字母 C 代替。定义 L 为长度，γ 为容重，δ 为位移，E 为弹性模量，σ 为应力，ε 为应变，σ_t 为抗拉强度，σ_c 为抗压强度，c 为黏聚力，φ 为内摩擦角，μ 为泊松比。则可定义原型和模型的容重相似比尺为 C_γ、几何相似比尺为 C_L、应力相似比尺为 C_σ、应变相似比尺为 C_ε、位移相似比尺为 C_δ、弹性模量相似比尺为 C_E、泊松比相似比尺为 C_μ、内摩擦角相似比尺为 C_φ、黏聚力相似比尺 C_c。

根据原型和模型的平衡方程、几何方程、物理方程、应力边界条件和位移边界条件可依次推导出如下地质力学模型试验相似关系。

(1)应力相似比尺 C_σ、容重相似比尺 C_γ 和几何相似比尺 C_L 应遵循的相似关系为

$$C_\sigma = C_\gamma C_L \tag{4.1}$$

(2)位移相似比尺 C_δ、几何相似比尺 C_L 和应变相似比尺 C_ε 应遵循的相似关系为

$$C_\delta = C_\varepsilon C_L \tag{4.2}$$

(3)应力相似比尺 C_σ、弹性模量相似比尺 C_E 和应变相似比尺 C_ε 应遵循的相似关系为

$$C_\sigma = C_E C_\varepsilon \tag{4.3}$$

(4)地质力学模型试验还要求所有无量纲物理量(如应变、内摩擦角、内摩擦因数、泊松比等)的相似比尺等于1、相同量纲物理量的相似比尺相等，即

$$C_\varepsilon = C_\varphi = C_\mu = 1 \tag{4.4}$$

$$C_\sigma = C_E = C_c = C_{\sigma t} = C_{\sigma c} \tag{4.5}$$

根据物理模型试验装置的内部尺寸为 0.7 m×0.7 m×0.7 m，为减小模型边界效应对试验结果的影响，确定本次试验物理模型的几何相似比尺 C_L=100，由此可推出实际模拟的原型范围为 70 m×70 m×70 m。本文试验中，试验原型

和模型的断面尺寸如图 4.2 所示。原型中毛洞半径 5 m，管片衬砌厚度 0.5 m。根据几何相似关系，可确定物理模型中毛洞半径 50 mm，衬砌管片厚度 5 mm。

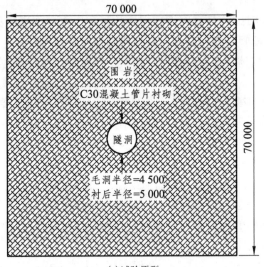

(a)试验原型

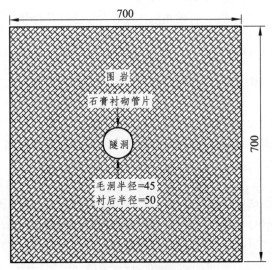

(b)试验模型

图 4.2　试验模型和原型的断面尺寸(单位：mm)

4.1.3　围岩相似材料配比

对研究洞段围岩进行现场取样,将获得的岩芯加工成标准试件后进行室内物理力学试验,测试获得相应的物理力学参数如表 4.1 所示。

表 4.1　原岩物理力学参数

岩　性	埋深/m	容重/(kN/m³)	变形模量/GPa	抗压强度/MPa	抗拉强度/MPa	黏聚力/MPa	内摩擦角/(°)	泊松比
灰　岩	1 000	26.50	25.3	64.8	4.5	11.4	54.5	0.28
粉砂质泥岩	1 000	25.50	6.8	16.3	1.3	4	33	0.3

围岩相似材料选用山东大学自主研制的铁晶砂胶结岩土相似材料,该材料是由铁矿粉、重晶石粉、石英砂和松香酒精溶液等多种材料按规定的配合比均匀拌和压实而成的一种复合材料。本次物理模型试验取容重相似比尺为 1,根据确定的模型几何相似比尺 C_L=100,则应力相似比尺 C_σ=100。通过大量的材料配比和相似材料物理力学试验,获得围岩相似材料的物理力学参数实测值如表 4.2 所示,确定的围岩相似材料配比方案如表 4.3 所示。

表 4.2　围岩相似材料物理力学参数实测值

相似材料类别	容重/(kN/m³)	变形模量/MPa	抗压强度/MPa	抗拉强度/MPa	黏聚力/MPa	内摩擦角/(°)	泊松比
灰岩相似材料	26.2 ~ 26.8	228.6 ~ 285.2	0.61 ~ 0.69	0.042 ~ 0.047	0.11 ~ 0.16	51.8 ~ 55.4	0.26 ~ 0.28
粉砂质泥岩相似材料	24.8 ~ 25.6	53.4 ~ 69.3	0.15 ~ 0.21	0.011 ~ 0.018	0.031 ~ 0.044	33 ~ 39	0.27 ~ 0.30

表 4.3 围岩相似材料配比方案

相似材料 类别	材料配比 $I:B:S$	酒精松香溶液 浓度/%	胶结剂占骨料 总重百分比/%
灰岩 相似材料	1:0.5:0.5	8	5.5
粉砂质泥岩 相似材料	1:0.67:0.55	2.5	5.5

注：①I 为铁精粉含量；B 为重晶石粉含量；S 为石英砂含量，均采用质量单位；
②胶结剂为松香溶解于酒精后的溶液；
③骨料成分为铁精粉、重晶石粉和石英砂。

4.1.4 衬砌相似材料配比

衬砌材料采用特种石膏粉通过改变水膏含量配比试制。根据设计报告，研究洞段隧洞断面为圆形，毛洞直径 10 m，衬砌厚度 50 cm，回填层厚度 10 cm，衬砌类型为 C30 钢筋混凝土，回填层为 C20 素混凝土。根据设计中常将衬砌当作弹性材料考虑，选择弹性模量、单轴抗压强度和抗拉强度作为主要力学参数指标进行配比调试。经多次配比试验，确定基本满足衬砌材料要求的水膏重量比为 1:1.6，试验参数为标准试件常温养护 48 h 后测试获得的力学参数。衬砌材料测试获得的力学参数与原型材料的对比如表 4.4。

表 4.4 衬砌材料力学参数对比

衬砌	弹性模量/GPa	抗压强度/MPa	抗拉强度/MPa
原型	30	32	2.2
模型	0.3 ~ 0.38	0.3 ~ 0.42	0.02 ~ 0.028

4.2 隧洞施工过程物理模型试验

当前大部分物理模型试验在模拟隧道衬砌支护时多采用预埋衬砌结构的方法，这与施工现场隧道施工的实际情况并不相符。为此，本节基于真三维地质力学模型试验装置，采用先加载后开挖的方式，通过"分片安装管片，逐段拼接衬砌"的方法模拟整个衬砌支护过程，再现了实际工程中深埋隧道"边开挖边支护"的施工全过程。

4.2.1　物理模型试验系统

试验采用的高地应力真三维地质力学模型试验装置[98]如图 4.3 所示。该装置外部尺寸 2.0 m×1.75 m×1.75 m，内部尺寸 0.7 m×0.7 m×0.7 m，主要由试验台架反力系统、数控液压加载控制系统和试验数据自动采集系统三大部分组成。试验台架反力系统由模块组合式反力装置、加载板、导向框等组成，用于容纳试验模型并作为模型加载的反力装置，组合式反力装置由盒式锰钢构件和高强螺栓拼接而成，可保证试验所需刚度要求；数控液压加载控制系统由多路液压站、高压油管、液压油缸、数字液压传感器、数字电磁阀和计算机控制系统等组成，可通过计算机实时监控和调整多路液压站的输出压力值，能精确控制每个液压油缸的出力值，从而精确模拟深部隧洞围岩真三维地应力状态，试验设计六面加载，每面加载板与 4 个液压油缸相连，每个油缸设计出力值 500 kN，按照 100 的应力相似比尺，该装置最大可模拟 10 000 m 埋深的地应力场；模型试验数据自动采集系统主要由多点位移数据自动采集系统、应变数据自动采集系统和应力数据自动采集系统等组成，用于自动采集模型试验过程中的位移、应力和应变等数据。

图 4.3　真三维地质力学模型试验系统

4.2.2　物理模型体的制作

整个物理模型体的制作采用分层压实，风干养护的工艺。其基本流程[98]如下：

(1)将断层预制装置固定于模型架导向框的相应位置，见图 4.4(a)；

(2)根据每次填料高度计算断层前、后和断层内的相似材料并按配比称量各组分材料，见图 4.4(b)；

(3)搅拌均匀后将各部分相似材料分层均匀摊铺在相应位置，并对其初步压实，见图 4.4(c)；

(4)待断层前、后和断层内的模型材料基本固定后，拆除断层预制装置；

(5)采用分层拆卸压实试验装置将均匀摊铺的模型材料按照相应的成型压力进行压实，见图 4.4(d)；

(6)压实结束后，采用吹风器对分层压实的模型体进行风干处理，使其快速养护成型，见图 4.4(e)；

(7)重复上述操作(1)~(6)直至填至模型顶部。

图 4.4(f)为制作完成的物理模型体。

(a)固定断层制作装置　　　　(b)搅拌材料　　　　(c)摊铺材料

(d)模型压实　　　　(e)风雨养护　　　　(f)制作成型

图 4.4　地质力学模型制作流程

4.2.3　衬砌管片的制作

模型衬砌管片是由自主研发的管片模具预制而成，衬砌管片预制模具如图 4.5(a)所示。制作模型衬砌管片时，首先将水与特种石膏粉按照前述确定的水膏质量比 1∶1.6 搅拌均匀，然后采用大号注射器将石膏液注入衬砌管片预制模具内，注射过程中应充分振荡使石膏液均匀密实，浇筑完成后，将预制磨具放置养护室室温养护，24 h 成型后即可脱模取出制作完成的模型衬砌管片。脱模后的模型衬砌管片如图 4.5(b)所示。

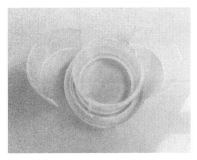

(a)管片预制模具　　　　　　　　　(b)脱模后的管片

图 4.5　衬砌管片模型制作流程

4.2.4　测点布置

为监测隧洞施工过程中洞周围岩的应力和变形，本次物理模型试验采用多点位移计、微型应变砖、微型压力盒等测试元件共设置 3 个典型监测断面，如图 4.6(a)所示。断面 1 位于断层以上硬岩段，断面 2 位于软、硬岩相交段，断面 3 位于软岩段。每个监测断面包括 2 个次监测断面：变形监测断面(图中竖向实线)和应力监测断面(图中竖向虚线)。由于隧洞轴线与断层近似正交，根据对称性，在隧洞关键部位(拱腰、拱肩和拱顶)布设 5 条测线，每条测线布置 4 个测点，4 个测点与洞壁距离分别为 5 mm、30 mm、100 mm 和 200 mm，具体布置见图 4.6。

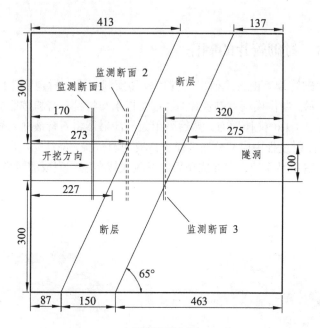

(a) 监测断面布置

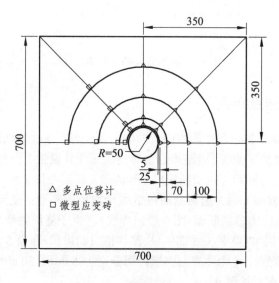

(b) 变形监测断面

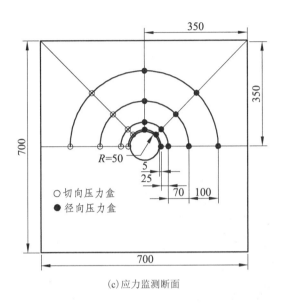

(c)应力监测断面

图 4.6　围岩测点布置(单位：mm)

图 4.7 给出了制作物理模型体时监测元件的埋设过程。

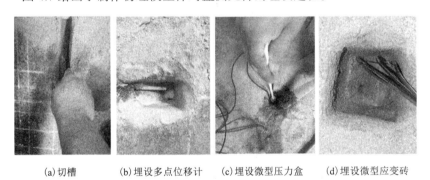

(a)切槽　　　(b)埋设多点位移计　　(c)埋设微型压力盒　　(d)埋设微型应变砖

图 4.7　围岩内部监测元件埋设

4.2.5　模型开挖及衬砌支护方案

为了真实模拟实际岩体中隧洞施工的全过程，模型试验施工模拟分为 3 个阶段[99]。

(1)预压阶段。为使模型试验所经历的应力历史与实际相符，采用先加载后开挖的方式。根据洞区地应力场式计算初始地应力，然后按照应力相似比换算后采用数控液压加载系统对模型体分级加载，每级加载 10 min，待压力稳定后加载下一级荷载，直至达到所需的真三维应力状态。最后保持该状态并稳压 24 h，以便在模型体内形成真实的三维初始应力场。模型试验真三维加载如图 4.8 所示。

加载板　　　　　　　　　液压千斤顶

导向框

(a) 真三维液压加载

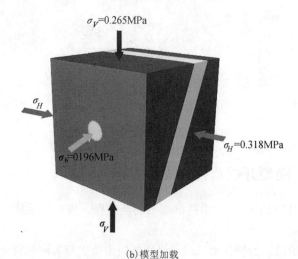

σ_V=0.265MPa

σ_H

σ_h=0196MPa

σ_H=0.318MPa

σ_V

(b) 模型加载

图 4.8　模型真三维应力加载示意

（2）隧洞开挖阶段。待模型稳压结束后，按照与实际相同的工序进行隧洞的开挖过程。首先取下开挖导洞盘，采用开挖工具沿着预先埋设的导向线，人工掘进逐步开挖模型洞室，待毛洞轮廓初步成型后，采用管片安装工具将管片放入刚开挖的洞室中，使其与洞壁紧密贴合，若有洞壁不平整的地方则用自制的磨平工具将洞壁轻轻磨平。开挖隧道时产生的模型废渣用工业吸尘器排出。

（3）衬砌支护阶段。为模拟实际施工中开挖和支护循环逐步推进的过程，本次物理模型试验提出了"分片安装、逐段拼接"的方法进行衬砌模型的安装。首先将要安放的管片与安装工具黏结固定，同时在管片外侧涂抹石膏液使其与微型压力盒表面齐平。然后使用安装工具将管片安放在开挖洞室的左下侧部位，待围岩与管片黏结稳定后轻轻取出管片安装工具。然后按照上述方法，依次安装右下侧管片，最后安装顶部管片，此时该环衬砌安装完毕。为使相邻管片结合为一体，在管片间纵向接缝和环向接缝部位涂抹一层薄薄的速干型结构胶。图 4.9 给出了采用"分片安装、逐段拼接"的方法进行衬砌管片支护的示意。

（a）安装第 1 块管片

（b）安装第 2 块管片

（c）安装第 3 块管片

图 4.9　衬砌安装示意

　　重复上述开挖与支护循环，即可实现真三维地质力学模型试验中隧洞"边开挖+边支护"的逐步推进过程。第一段开挖和支护完成后开始第二段施工，施工进尺为 50 mm，即每次开挖 50 mm，随后支护 50 mm，不断重复该循环，从而实现实际隧洞施工中"边开挖边支护"的过程，循环 10 次后，再向前逐步开挖 100 mm，不进行衬砌支护，由此观察隧道向前推进时，掌子面空间约束效应逐渐消失的过程。规定隧洞开挖和衬砌支护为两个不同的施工时步，整个施工过程一共有 22 个施工时步，整个模型试验过程开挖与支护循环推进过程如图 4.10 所示。图 4.11 为模型试验过程中隧洞开挖与衬砌支护的过程。图 4.12 为整个物理模型试验完成后的三维效果示意。

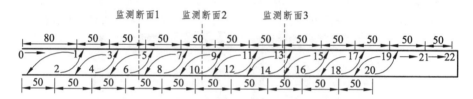

图 4.10　隧洞开挖与支护循环示意（单位：mm）

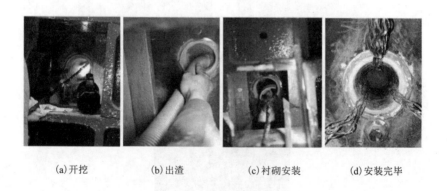

　　(a)开挖　　　　　(b)出渣　　　　　(c)衬砌安装　　　　(d)安装完毕

图 4.11　模型试验开挖与支护过程

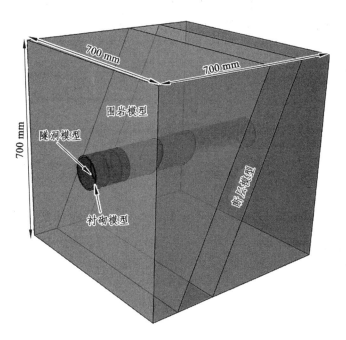

图 4.12　试验完成后的三维效果示意

4.3　围岩位移与应力释放规律

4.3.1　围岩位移场

模型试验结果按照相似原理将测试获得的围岩位移和应力换算成原型隧洞的围岩位移和应力。这里规定：隧道洞周围岩的位移向洞内收缩时为正值，围岩应力受压时为正值；反之为负。因 3 个监测断面围岩的位移变化规律和分布特征相似，故下文仅以典型监测断面 1(硬岩洞段)和监测断面 3(软岩洞段)为代表对隧道施工过程中围岩位移与应力的变化规律进行分析[1]。

图 4.13 给出了隧道洞周围岩测点的径向位移随施工时步的变化曲线，图中竖直的虚线分别代表隧道开挖时刻和衬砌支护时刻，图 4.14 为隧道施工结束后围岩变形达到稳定状态时的洞周围岩径向位移分布图。表 4.5 为监测断面

在开挖时刻和支护时刻洞周围岩的位移释放率。此处的位移释放率是指监测断面某一时刻洞周围岩发生的位移与其位移最终稳定值的比。

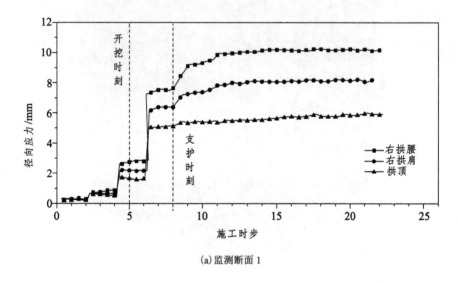

(a) 监测断面 1

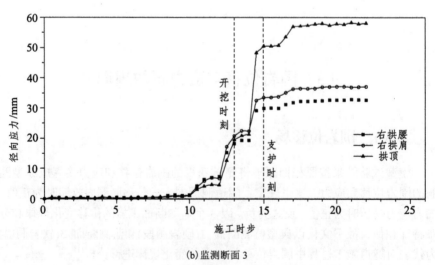

(b) 监测断面 3

图 4.13 径向位移随施工时步变化曲线

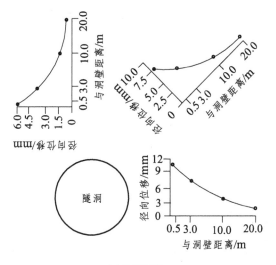

(a) 监测断面 1

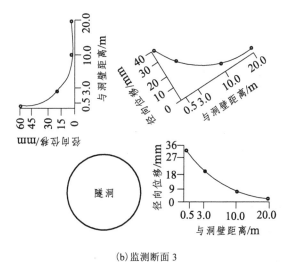

(b) 监测断面 3

图 4.14　围岩径向位移分布

表 4.5　监测断面开挖时刻和支护时刻围岩位移释放率

监测断面	所在位置	洞周位置	开挖时刻	支护时刻
1	硬岩	右拱腰	0.27	0.74
		右拱肩	0.27	0.78
		拱顶	0.28	0.86
3	软岩	右拱腰	0.56	0.92
		右拱肩	0.56	0.90
		拱顶	0.34	0.87

由图 4.13、图 4.14 和表 4.5 可知：

(1)由于隧道开挖后，洞周围岩发生应力释放，洞周各测点均向隧道内收缩，距离隧道洞壁越近，围岩的位移越大，位于 1 倍洞径范围以内的围岩，其径向位移受开挖扰动影响显著，超过此范围后，开挖扰动对围岩变形的影响逐渐减小。

(2)监测断面 1(硬岩洞段)隧洞施工稳定后的最大变形约 10 mm，最大变形位于拱腰部位，最小变形约 6 mm，位于拱顶部位，拱肩处围岩变形介于两者之间。监测断面 3(软岩洞段)隧洞施工稳定后的最大变形约 60 mm，位于拱顶处，拱肩部位围岩变形次之，变形量约 37 mm，拱腰部位围岩变形最小，变形量约 32 mm。相比硬岩洞段，软岩洞段围岩不但变形量急剧增加，围岩的最大变形位置也由拱腰变成了拱顶。

(3)隧道洞周围岩沿着测线 1 方向(水平向)和测线 2 方向(倾斜 45°)的位移梯度变化趋势随着距离洞壁由近及远较为平缓，硬岩隧洞中尤为明显；而沿着测线 3 方向(竖向)，位移梯度变化呈现先骤降后平缓的趋势，分界点大约距离洞壁 0.6 倍隧道半径，此种现象在软岩洞段隧洞中更加显著。这是由于软岩洞段隧道的围岩强度较低，在高地应力条件下洞周围岩多处于峰后破坏状态，拱顶位置松动围岩在重力下急剧变形。

(4)沿着隧道开挖方向，在掌子面未达到监测断面前，监测断面处围岩已经发生了部分变形，说明围岩位移已经发生了一定程度的释放。总体看来，在掌子面前方和后方 1 倍洞径～1.5 倍洞径范围内围岩，其变形受开挖扰动影响明显，即在隧洞轴线方向上，开挖扰动对隧道围岩变形的影响范围为掌子面前后 1.5 倍洞径。

（5）不同地质条件下围岩在开挖时刻和支护时刻的位移变化率并不相同。硬岩隧道洞周各部位开挖时刻和支护时刻的围岩位移变化率较小，平均分别约为 27% 和 80%，软岩隧道洞周各部位开挖时刻和支护时刻的位移变化率较大，平均分别约 50% 和 90%。由此可以看出，由于断层的影响，软岩隧道掌子面的空间约束效应明显减弱，围岩的自稳能力显著降低。

（6）隧道洞周不同部位围岩在开挖时刻和支护时刻的位移释放率也不相同。对于硬岩隧道而言，开挖时刻洞周各部位的围岩位移释放率基本相同，约27%，而在支护时刻，拱顶部位位移释放率最大，拱腰和拱肩部位较小。对于软岩隧道而言，支护时刻洞周各部位围岩位移释放率基本相同，平均约 90%，而在开挖时刻，拱顶部位位移释放率最小，约 34%；拱肩和拱腰部位较大，约56%。

4.3.2　围岩应力场

图 4.15 和图 4.16 为隧道施工过程中洞周围岩应力随施工时步的变化曲线，图 4.17 为模型试验结束时洞周围岩的应力分布图，表 4.6 为监测断面开挖时刻和支护时刻隧道洞周围岩的应力释放率。此处的围岩应力释放率是指监测断面开挖时刻和支护时刻洞周围岩的径向应力释放值与其原岩应力的比，径向应力释放值为初始状态的径向应力减去当前时刻的径向应力。

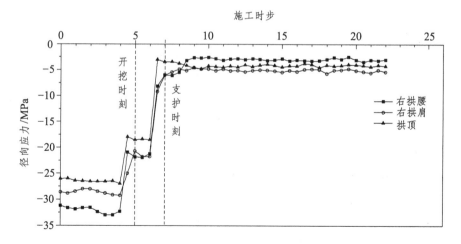

(a) 径向应力

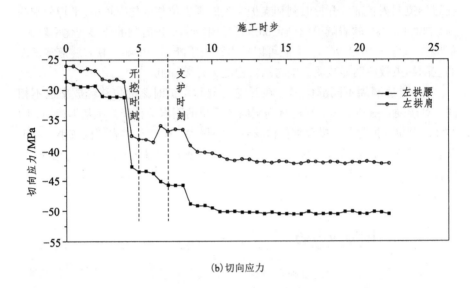

(b) 切向应力

图 4.15　监测断面 1 洞周围岩应力随施工时步变化曲线

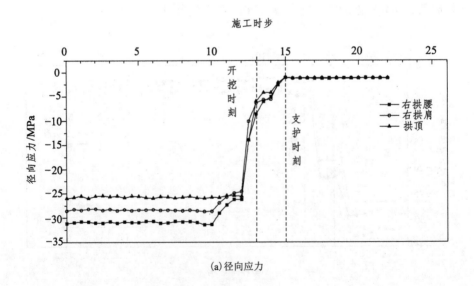

(a) 径向应力

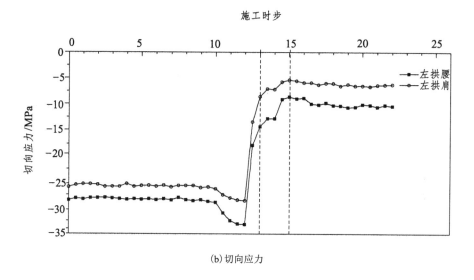

(b) 切向应力

图 4.16 监测断面 3 洞周围岩应力随施工时步变化曲线

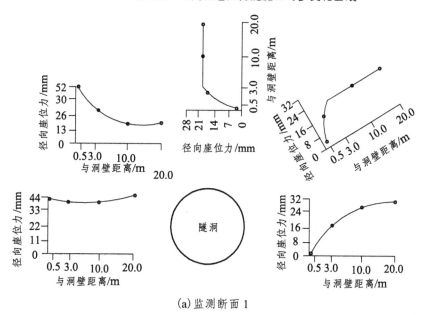

(a) 监测断面 1

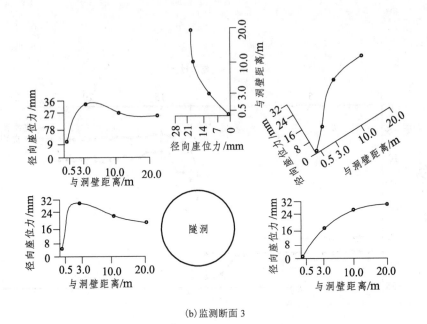

(b) 监测断面 3

图 4.17 隧道洞周围岩应力分布

表 4.6 监测断面围岩开挖和支护时刻围岩应力释放率

监测断面	所在位置	洞周位置	开挖时刻	支护时刻
1	硬岩	右拱腰	0.30	0.81
		右拱肩	0.28	0.79
		拱顶	0.29	0.86
3	软岩	右拱腰	0.72	0.97
		右拱肩	0.78	0.97
		拱顶	0.77	0.96

由图 4.15 ~ 图 4.17 和表 4.6 可知:

(1)由于开挖卸荷作用,隧道洞周围岩的径向应力发生应力释放。距离隧道洞壁越近,围岩径向应力越小,随着与洞壁距离的变大,径向应力逐渐增加至原岩应力。监测断面 1(硬岩洞段)处围岩切向应力发生应力集中,距离洞壁越近切向应力越大，随着与洞壁距离的变大，切向应力逐渐降低至原岩应力。因监测断面 3 位于软岩洞段中，岩体强度较低，开挖后洞周围岩处于峰后软化阶段，围岩切向应力随着与洞壁距离由近及远呈现先增加后减小的趋势，与硬岩中切向应力呈逐渐减小趋势不同。整体来看，围岩应力受开挖扰动影响显著的区域在 1 倍洞径范围内，超过 1 倍洞径围岩应力变化较平缓。

（2）在 1 倍洞径范围内，硬岩洞段隧洞围岩径向应力的变化梯度最大，而软岩洞段围岩的径向应力变化梯度最小，说明软岩隧道受开挖损伤扰动范围较大。此外，硬岩洞段隧道洞周围岩各部位的扰动范围大致相近，而软岩洞段隧道拱肩处围岩的扰动范围最大，拱顶次之，拱腰处最小。

（3）在隧道轴线方向上，开挖扰动对隧道围岩应力的影响范围为掌子面前后约 1.5 倍洞径，其中 1 倍洞径 ～ 1.5 倍洞径范围内，围岩的应力变化平缓，而 1 倍洞径范围内的围岩应力急剧变化，这与前述分析得出开挖扰动对围岩变形影响的范围一致。

（4）隧洞施工过程中围岩径向应力并非一直发生应力释放，掌子面前方一定范围内围岩径向应力会出现短暂的应力集中，在硬岩隧洞中尤为明显。这是由于开挖导致掌子面前方围岩向临空面挤出，相比软岩洞段，硬岩隧洞掌子面约束岩体被挤出的能力较大，因此硬岩隧洞中这种现象更加明显。

（5）不同地质条件下隧道洞周围岩在开挖时刻和支护时刻的应力释放率并不相同。相比软岩，硬岩洞段隧道围岩承载能力和约束能力较强，其在开挖和支护时刻的应力释放率也最低。总体而言，围岩径向应力在掌子面前、后 0.5 倍洞径范围内急剧释放，在掌子面前方 0.5 倍洞径范围内软岩的径向应力释放速率较快，硬岩的应力释放速率较慢，而在掌子面后方 0.5 倍洞径范围内硬岩的径向应力释放速率较快，软岩的应力释放速率较慢。

（6）隧道洞周不同部位围岩在开挖时刻和支护时刻的应力释放率也不相同。对于硬岩隧道而言，在开挖时刻洞周各部位围岩的应力释放率基本相同，在支护时刻，拱顶部位围岩应力释放率最大，约 86%，而拱肩和拱腰部位较小。对于软岩隧道而言，在支护时刻洞周各部位围岩的应力释放率基本相同，约 97%，在开挖时刻拱腰部位围岩的应力释放率最小，约 72%，而拱肩和拱顶部位的应力释放率则较大。整体而言，隧道洞周各部位围岩的应力释放规律与位移释放规律基本类似。

4.4　现场监测位移损失补偿方法

从上述物理模型试验的结果分析可知，隧道施工过程是一个涉及时间和空间的复杂动态过程。从时间上来看，该过程可分为三个阶段：开挖前、开挖后支护前和支护后，前两个阶段主要是支护结构施作前围岩应力的释放过程，是研究围岩-支护相互作用的基础和前提，第三阶段是围岩-支护相互作用的关键阶段，重点在于围岩和支护结构承载比例的动态转化。从深度上隧道施工过程可分为三个层次：实体模型、概念模型和理论模型，如图 4.18 所示。

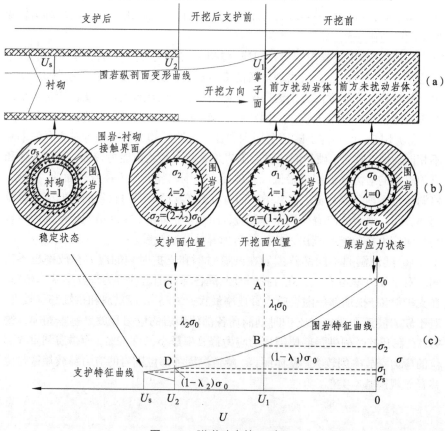

图 4.18　隧道动态施工过程

通过前述对隧道施工过程中围岩的变形和应力进行分析,可知开挖扰动在隧道轴线方向只对掌子面前后一定范围内有显著影响,超过此范围围岩应力和变形均不受开挖的影响。如图 4.18(a)示,掌子面前方未受开挖扰动的岩体为原岩应力状态,此时围岩没有发生应力释放,即应力释放系数为 λ 为 0。掌子面前方受扰动岩体由于应力重分布被挤向临空面,导致前方岩体发生变形,进而引起该段岩体发生应力释放,且距离掌子面越近,围岩变形越明显,应力释放也越大,记掌子面位置围岩变形为 U_1,应力释放率为 λ_1,释放荷载由围岩自身承担,也即掌子面位置围岩承担荷载为 $\lambda_1\sigma_0$,对应图 4.18(c)中右侧竖向虚线 AB,为保持该位置围岩受力平衡,掌子面需提供虚拟支撑力 $(1-\lambda_1)\sigma_0$,对应图 4.18(c)中右侧竖向实线 BU_1。

隧道施工中衬砌结构的施作往往滞后开挖面一定距离,围岩在该段距离内持续变形,应力进一步释放,且距离开挖面越远,掌子面的空间约束作用越弱,围岩变形越大,应力释放也越大,记支护面位置围岩变形为 U_2,应力释放率为 λ_2,释放的荷载由围岩自身承担,也即支护面位置围岩承担荷载为 $\lambda_2\sigma_0$,对应图 4.18(c)中左侧竖向虚线 CD 所示,为保持该位置围岩受力平衡,掌子面需提供虚拟支撑力为 $(1-\lambda_2)\sigma_0$,对应图 4.18(c)中左侧竖向实线 DU_2 所示。

衬砌施作后,由于开挖面的持续推进,掌子面对围岩的空间约束作用逐渐减弱,围岩收敛变形继续增大,衬砌与围岩开始接触并发生相互作用。此后,围岩应力继续释放,衬砌结构支护抗力逐渐增加,最终围岩和支护结构达到稳定状态。

通过上述对隧道施工过程力学分析,可以发现整个隧道施工过程就是一个围岩位移和围岩应力释放的过程,围岩位移释放是围岩应力释放的外在表现,围岩应力释放是围岩位移释放的内在动力。隧道开挖后,掌子面处于临空状态,掌子面前方的岩体挤向隧道内部,导致掌子面前方岩体发生一定程度的位移释放。由于掌子面的空间约束效应,开挖瞬间围岩应力并不会瞬时释放完毕,而是随着掌子面向前逐步推进,掌子面提供的虚拟支护力逐渐减小,围岩应力和围岩位移逐步缓慢释放。最终围岩应力释放完毕,掌子面空间约束效应消失,围岩与支护结构达到平衡。

实际施工时,现场监测元件的布设通过都是紧跟掌子面,因此监测元件监测到的只是从掌子面开挖时刻到隧道完全稳定这段过程的围岩变形,而开挖前的掌子面变形是未知的,也就是损失位移。在围岩参数反分析时,通过要将围岩从开挖前到稳定后的全量位移作为输入,通过计算进而反演出围岩参数。因此，为获得隧道洞周某一部位围岩整个施工过程的全量位移，则需要确定其在掌子面前方的损失位移。根据前述定义的位移释放率，当已知开挖时刻洞周某部位围岩的位移释放率，即可通过下式获得其全量位移 U。

$$U = U' / (1 - \eta_0) \tag{4.6}$$

式中　U'——隧道洞周某部位围岩的实测位移；

η_0——开挖时刻掌子面处洞周某部位围岩的位移释放率。

很明显，如何合理确定开挖时刻隧道洞周围岩的位移释放率是地下工程围岩参数反分析结果是否准确的关键。目前已有学者通过开展理论推过或数值模拟的方法进行了相关研究，但是这些研究成果大多是在理想化的假设条件下得出的，缺乏可靠的试验基础和依据。本章通过开展地质力学物理模型试验，研究了软岩、硬岩等不同地质条件下围岩的位移释放规律，可以得出：对于硬岩隧道，其开挖时刻隧道洞周各部位围岩的位移释放率基本相同，约为 27%；而对于软岩隧道，开挖时刻拱腰和拱肩部位围岩的位移释放率约为 50%，拱顶部位的围岩释放率约为 34%。

4.5　本章小结

本章针对地下工程现有现场监测技术无法获得施工过程围岩全量位移的缺陷，以我国云南省滇中引水工程的香炉山隧洞为依托工程，通过开展真三维地质力学物理模型试验，真实再现了实际隧道"边开挖边支护"的动态过程，研究了隧道施工过程围岩位移释放和应力释放的规律，主要获得以下结论：

（1）隧道施工过程本质上是一个围岩位移和围岩应力释放的过程，围岩位移释放是围岩应力释放的外在表现，围岩应力释放是围岩位移释放的内在动力。

（2）不同地质条件，隧道施工过程围岩的位移释放和应力释放过程明显不同。在地质条件较好的硬岩隧道围岩应力和位移释放速率先慢后快，而地质条件较差的软岩隧道围岩应力和位移释放速率先快后慢。

（3）提出了隧道施工过程中掌子面前方损失位移的补偿方法，为开展地下工程围岩参数反分析研究奠定了基础。

　　(4)通过地质力学物理模型试验的方法，大致确定了隧道施工过程的位移释放规律：对于硬岩隧道，其开挖时刻隧道洞周各部位围岩的位移释放率基本相同，约为 27%；而对于软岩隧道，开挖时刻拱腰和拱肩部位围岩的位移释放率约为 50%，拱顶部位的围岩释放率约为 34%。

CHAPTER FIVE

第 5 章
基于 MEABP 神经网络的围岩参数反分析方法

第 3 章通过采用数值模拟方法，研究了隧道施工过程围岩变形对各围岩参数的敏感性，为地下工程围岩参数反分析待反演参数的合理确定奠定了基础。第 4 章通过开展地质力学物理模型试验，研究了地下工程动态施工过程围岩位移和应力的释放规律，提出了现场监测位移损失的补偿方法，为地下工程施工过程围岩全量位移的准确确定提供了试验依据。在地下工程围岩参数反分析时，一旦待反演参数的类型确定，同时获得了现场监测围岩变形的全量位移后，就可以往下开展围岩参数反分析计算了。在前述介绍围岩反分析的基本理论时，阐述了三大类围岩参数反分析方法的适应性和优缺点：图谱法和传统的逆反分析法只适用于简单的线弹性问题，目前已较少使用；正反分析法需要根据迭代计算反复开展正分析数值计算，当反分析规模较大时，计算成本将大大提高；而基于神经网络的反分析方法具有强大的非线性映射能力，通过学习训练后，输入任一监测断面的围岩位移即可输出该断面的围岩参数。然而，神经网络的结构和权值对其预测泛化能力影响很大，若选择不当将会导致训练时间过长甚至收敛失败，使其不具备预测能力。

思维进化算法（Mind Evolutionary Algorithm，MEA）是异于遗传算法、进化规划和进化策略等传统优化算法的新算法，它模仿人类思维中趋同、异化两种模式的交互作用，从而达到推动思维进步的过程[100-102]。该算法保留了遗传算法（Genetic Algorithm，GA）和进化策略（Evolutionary Strategies，ES）的双重优点又克服了二者的缺点，形成独有的"趋同"和"异化"算子，将单层的群体进化改造为多层群体的进化。同时，引入的记忆与定向学习机制，则可以大大提高了算法的搜索效率。因此，本章将采用思维进化算法优化神经网络，建立基于思维进化算法的 BP 神经网络的围岩参数反分析方法。

5.1　基于神经网络的围岩参数反分析原理

对于实际施工中的隧道,其洞周围岩变形是一个关于施工因素、地质因素、岩体参数、几何参数和支护参数的复杂非线性泛函,形如

$$Y = F(X_1, X_2, X_3, X_4, X_5) \tag{5.1}$$

式中,自变量 X_i ($i=1,2,3,4,5$)分别表示施工因素、地质因素、岩体参数、几何参数和支护参数。众所周知,隧道施工是一个动态变化的三维时空过程,式 (5.1) 中自变量都是时空域内的复杂函数。因此,式 (5.1) 表示 Y 是关于这些复杂函数的泛函。在这些自变量全部已知的情况下,通过建立模型输入计算参数计算围岩变形量 Y 就是正分析的过程。相反,根据已知变形量或部分变形量 Y 反求部分或全部自变量的过程就是反分析过程。这种正、反分析的过程类似于我们在初等数学里面根据已知函数求解其反函数的过程。

为了使围岩参数反分析顺利地进行,必须抓住问题的主要因素而忽略其次要因素,从而使模型简单化。实际工程中施工因素和地质因素难以量化,几何参数和支护参数对具体工程是确定的,而且在工程设计和施工中,建设者对岩体的物理力学参数比较关注。因此,对本书研究来说,只对式 (5.1) 中岩体参数 X_3 进行位移反分析。根据目前隧道施工中现场监控量测的实际情况,隧道洞周围岩位移的监测值通常有两个:洞周水平收敛和拱顶竖向沉降。根据现场某一断面的实测水平收敛和拱顶沉降,反演出该断面附近的围岩参数是本书围岩参数反分析的基本思路。如果能按反分析方法中的逆解法那样找到洞周水平收敛和拱顶沉降到洞周围岩参数的映射,也即存在以下表达式:

$$X_3 = G(Y_1, Y_2) \tag{5.2}$$

那么问题就变得异常简单了。式中的 Y_1,Y_2 分别表示隧道洞周围岩水平收敛和拱顶沉降。

然而,实际施工中的隧道是一个动态的复杂非线性系统,上述关系根本无法采用解析的方法显式地表达出来,采用常规的方法是行不通的。经过学习训练的人工神经网络具有强大的非线性映射能力,将隧道洞周围岩水平收敛值和拱顶沉降值作为神经网络的输入,待反演参数作为输出建立神经网络,如果有大量的训练样本就可以建立实测数据与待反演参数的非线性映射关系,即对于

式 (5.2)，即使无法求出其显式的解析表达式，也可以通过神经网络去无限逼近它，这就是基于神经网络的围岩参数反分析方法的原理。

5.2 人工神经网络概述

人工神经网络[103-105]（Artificial Neural Network，ANN）是通过模拟人体大脑的功能而设计出来的，由处理神经网络中传递信息的神经元组成，并通过权值联结起来。神经元能够接收与其相连接的所有神经元输出的信息作为其输入，并通过激活函数计算得出其相应输出信息，再将计算的输出信息传递给与它相连的神经元。人工神经网络一般是分层结构，有输入层、隐含层和输出层。根据具体的不同情况，各层神经元个数将会不同。人工神经网络的最大特点是它具有非常强大的训练学习功能，对于不同的样本集，通过各种学习算法来调整网络中的权值和阈值，使其具有对相似的输入得出相似的输出的能力，也即使神经网络具有泛化推广的预测能力。神经网络学习的目的是使期望输出值与实际输出值之间的误差达到最小。

人工神经网络的类型主要分为三大类：第一类为误差逆传播神经网络，即 BP 神经网络，第二类为竞争型神经网络，第三类为 HOPFIELD 神经网络。三类神经网络中，BP 神经网络是当前发展最成熟、应用也最广泛的神经网络模型，它是一个强大的自我学习系统，通过简单的非线性处理可使其获得复杂的非线性处理能力。本书选择 BP 神经网络模型进行围岩参数位移反分析，以下简要介绍 BP 神经网络。

5.2.1 BP 神经网络

BP（Back Propagation）神经网络[106]是 1986 年由 Rumelhart 和 McCelland 提出的一种按误差逆向传播算法训练的多层前馈型网络，是目前应用最广泛的神经网络模型之一。它的主要特点是信号向前传播和误差向后传播，即计算实际输出时按从输入层到输出层的方向向前进行，根据误差修正权值和阈值则从输出层到输入层的方向向后进行。神经网络的结构通常是由一个输入层、一个输出层和多个隐含层组成，隐含层的个数根据问题需要而定，最少为一个。图 5.1 为三层 BP 神经网络结构的示意，即单隐含层 BP 神经网络。

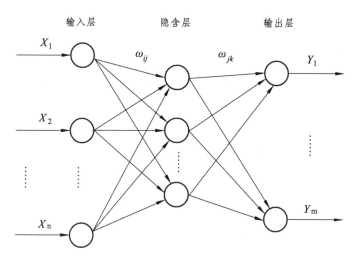

图 5.1　三层 BP 神经网络结构示意

图 5.1 中，$X_1, X_2, \cdots, X_n$ 是 BP 神经网络的输入值，$Y_1, Y_2, \cdots, Y_m$ 是 BP 神经网络的预测值，即输出值，w_{ij} 和 w_{jk} 为连接权值。神经网络的数学本质是一个函数，输入值和预测值分别表示自变量和因变量。图 5.1 所示的神经网络表示从 n 维空间到 m 维空间的一个非线性映射。根据神经网络理论中的柯尔莫哥洛夫连续性定理，即给定任一连续函数 $\varphi: E^m \rightarrow R^n$，最少可用三层神经网络以任意精度逼近该连续函数。因此，为简单起见，本书在进行神经网络的围岩参数反分析时，采用三层的神经网络结构。

5.2.2　BP 神经网络的原理

BP 神经网络必须经过对样本集训练学习才能具备特定问题的预测能力，样本集是由形如(输入向量，理想输出向量)的向量对构成。其学习的过程包括信息正向传播和误差反向传播。

信息的正向传播[107]是指输入信号从输入层经隐含层逐层计算，最后传入输出层，每一层神经元的状态只影响传播方向的下一层神经元的状态。误差的反向传播是指如果在输出层得到的输出值与期望输出值误差较大，则根据输出层的误差反向向回传播，通过各层神经元将误差沿原来的连接通路反向传回去，并逐步修改神经元的权值和阈值，如此反复进行，直到神经网络的输出值与期望目标满足误差要求为止。

BP 神经网络通过训练学习具有联想记忆和预测能力。BP 神经网络的训练学习过程主要包含以下几个步骤：

(1) 网络初始化。

根据具体特定问题，确定神经网络的输入层节点数 n，隐含层节点数 l，输出层节点数 m，随机初始化输入层、隐含层和输出层神经元之间的连接权值 w_{ij} 和 w_{jk}，隐含层阈值 a_j 和输出层阈值 b_k，并给定学习速率和选取的神经元传递函数。通常输入层与隐含层之间的神经元传递函数选用 S 型（Sigmoid）函数[55]，隐含层与输出层间的传递函数选用线性函数。

(2) 信息正向传播。

隐含层中的输出：

$$H_j = f\left(\sum_{i=1}^{n} w_{ij}x_i - a_j\right), \qquad j = 1,2,\cdots,l \tag{5.3}$$

式中　H_j——第 j 个隐含层节点输出值；

　　　f——传递函数；

　　　a_j——第 j 个隐含层节点的阈值；

　　　l——隐含层节点数。

输出层的输出值：

$$O_k = \sum_{j=1}^{l} H_j w_{jk} - b_k, \qquad k = 1,2,\cdots,l \tag{5.4}$$

误差计算为

$$e_k = Y_k - O_k, \qquad k = 1,2,\cdots,m \tag{5.5}$$

式中　e_k, Y_k, O_k——第 k 个输出节点的预测误差，期望输出和预测输出。

(3) 误差反向传播。

根据神经网络预测的误差，采用梯度下降法更新神经网络各神经元的连接权值和阈值。

$$w_{ij} = w_{ij} + \eta H_j(1-H_j)x_i\sum_{k=1}^{m} w_{jk}e_k, \quad i = 1,2,\cdots,n;\ j = 1,2,\cdots,l \tag{5.6}$$

$$w_{jk} = w_{jk} + \eta H_j e_k, \quad j = 1,2,\cdots,l;\ k = 1,2,\cdots,m \tag{5.7}$$

$$a_j = a_j + \eta H_j(1-H_j)\sum_{k=1}^{m} w_{jk}e_k, \qquad j = 1,2,\cdots,l \tag{5.8}$$

$$b_k = b_k + e_k, \qquad k = 1,2,\cdots,m \tag{5.9}$$

式中，η 为学习速率。这是传统 BP 神经网络权值和阈值的修正方法，为提高收敛速度可以加入动量项改进权值和阈值的修正。

(4)判断算法是否结束，若不能满足结束条件则返回步骤(2)，直至满足结束条件为止。

上述就是 BP 神经网络训练学习的全过程，也是 BP 神经网络工作的基本原理。经过训练学习后的 BP 网络具有很强的非线性映射能力，可以利用其泛化推广能力进行预测。

5.2.3　BP 神经网络的优缺点及其改进

BP 神经网络是神经网络家族里应用最广泛的，因为其训练学习后，拥有强大的非线性拟合功能，所以特别适合处理高度复杂的非线性问题。而且它的自学习能力和泛化能力，使得它可以对某些复杂问题进行精准预测。然而，BP 神经网络也存在一些严重的缺陷：首先，BP 网络采用的优化算法是梯度下降算法，这种算法太过依赖于初值，而且容易陷入局部最优，使训练失败；其次，BP 神经网络的泛化能力与训练学习的样本集密切相关，如何选择合理高效的样本集训练比较困难；再次，BP 网络结构中隐含层神经元的个数也是靠经验选取而没有一套完整的理论；最后，网络中各神经元的学习速率以及连接权值和阈值在初始化时，具有一定的随机性，主观性较强。这些缺陷都严重制约着 BP 神经网络的推广和发展。

针对 BP 神经网络的缺点，许多专家学者根据具体问题对其进行了一定程度的改进。总结来说，主要有以下几点：

(1)为提高神经网络训练学习的速度，提出了加入动量项的 BP 网络，也即 MBP 神经网络。针对传统的梯度下降法，其在反向误差传播更新权值和阈值时，只按照当前计算步的负梯度方向进行搜索，没有考虑到前几步最速下降方向的影响。因此，在修正公式中考虑以前搜索经验加入附加动量项，从而起到加速搜索的作用。

(2)通过学习速率的自适应调整，自动调整搜索步长。BP 神经网络收敛慢的因素之一是学习速率 η，当 η 太小时，搜索速度较慢；当 η 太大时，搜索步长太大，可能跳得太远搜索过头，导致局部振荡现象的发生。因此，采用自适应方法调整搜索步长是一种较理想的改进方法。

(3)采用勒贝格-马夸尔特(Levenberg-Marquardt，LM)搜索算法代替梯度算法搜索，也即 LMBP 神经网络。该法是利用梯度求最大(小)值的算法，形象地说，属于"爬山"法的一种。它同时具有梯度法和牛顿法的双重优点，搜索速度大大增加。

5.3　思维进化算法概述

思维进化算法[100](Mind Evolutionary Algorithm，MEA)是我国学者孙承意等针对传统进化算法存在的早熟、收敛速度缓慢等问题于 1998 年提出的，是一种模拟人类思维进化过程的新进化算法，具有极强的全局搜索寻优能力。

5.3.1　思维进化算法优化原理

思维进化算法[108]通过迭代不断搜索进化，进化中每一代个体的集合称为一个种群，一个种群又可划分为若干个子种群。子种群包含两类：优胜子种群(Superior group)和临时子种群(Temporary group)。优胜子种群记录全局竞争中优胜者的信息，临时子种群记录全局竞争的过程。

个体之间和子种群之间通过公告板进行信息交流[56]。子种群内的个体在局部公告板张贴个体信息，各子种群信息又张贴于全局公告板。局部范围内，从一个初始中心开始，子种群内个体为了成为优胜者而发生竞争的过程叫作趋同运算。子种群在趋同运算过程中，若不再产生新的胜者，则称该子种群已成熟。子种群成熟时，该子种群的趋同运算过程就结束。趋同运算过程本质上进行的是信息的局部开采。

在全局解空间内，个体或子种群为成为全局的优胜者而发生竞争的过程叫作异化。异化有两个方面功能：异化 I，在全局散布的个体中，选择最好的一些个体为新子种群的初始中心；异化 II，从成熟子种群得到的局部最优解中选取最好的作为当前全局最优解。异化运算过程本质上进行的是信息的全局勘探。

思维进化算法中，趋同和异化是交替工作的：异化 I 通过全局竞争，选取较好的初始解为子种群的初始中心，各个子种群从初始中心开始，通过趋同操作搜寻局部最优解；异化 II 从趋同操作得到的局部最优解中选择最好的解作为全局最优解。这种交替作用就是思维进化算法的基本原理，是思维进化算法运算效率高，收敛性能好的本质原因[109]。图 5.2 给出了思维进化算法系统的结构。

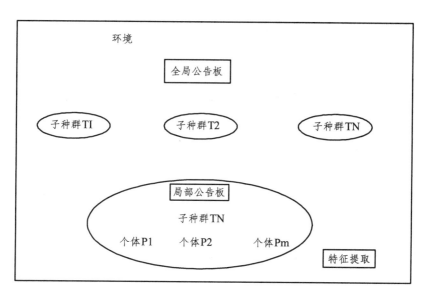

图 5.2　思维进化算法系统结构

5.3.2　思维进化算法步骤

规定：S—群体规模；N_S—优胜子种群数；N_T—临时子种群数；若各子种群中个体数目相同，记为 N，则有 $S=(N_S+N_T)N$。

思维进化算法的学习步骤[109]：

（1）在解空间中均匀散布 S 个个体,并计算所有个体的得分(对应于遗传算法中的个体适应度，表征个体对环境的适应能力)。

（2）将所有个体得分降序排列，选取前 (N_S+N_T) 个个体作为优胜个体。分别以优胜个体的前 N_S 个个体为中心，产生 N_S 个优胜子种群，再以剩余的 N_T 个个体为中心，产生 N_T 个临时子种群，该步骤即为异化 I 。

（3）在每个子种群内执行趋同操作过程，直至该子种群成熟，并以该子种群中最优个体(中心)的得分作为该子种群的得分。

（4）子种群成熟后，将所有子种群的得分在全局公告板上张贴，子种群间进行异化，完成优胜子种群和临时子种群的替换、遗弃，得到全局最优个体及得分，该步骤即为异化 II 。

（5）被替代和遗弃的子种群再在解空间中重新均匀散布新的个体，形成新的临时子种群以保证临时子种群的个数保持不变，随后在临时子种群中进行趋同操作，并和其他子种群之间进行全局竞争。

(6)重复上述操作过程，直到满足终止条件。

5.3.3 思维进化算法的优越性

思维进化算法之所以性能优越，是由于采用了"趋同"和"异化"过程代替遗传算法的交叉和变异算子，以及思维进化算法与遗传算法不同的运行机制：记忆机制、定向机制和探测与开采功能间的协调机制。

记忆机制：思维进化计算可记录若干代个体信息，并利用这些信息指导进化方向，不断向更优的个体搜索。

定向机制：思维进化计算中，趋同和异化都是定向操作。趋同使所有子种群向各自局部最优方向进化。异化使优胜子种群向全局最优方向进化。

探测与开采功能间的协调机制：思维进化计算中，趋同起"开采"作用，在局部区域进行精细搜索，不丢失局部最优解。异化起"勘探作用"，在全局范围内进行勘探，搜寻更好的解，保证搜索到全局最优解。

因此，本书采用思维进化算法优化传统的 BP 神经网络，基于 Matlab 平台编制程序建立基于 MEABP 神经网络的围岩参数位移反分析系统，对地下工程围岩参数进行位移反分析。

5.3.4 思维进化算法优化 BP 神经网络流程

BP 神经网络采用的是传统的梯度下降法搜索寻优，这种算法太过于依赖网络初始值（连接权值和阈值）的选择，一旦选择不当，极易陷入局部收敛，使网络训练学习失败，最终导致 BP 网络的泛化推广能力很差[100, 110]。考虑到思维进化算法采用的趋同和异化算子使得优化搜索很快趋于最优值，相比其他进化算法思维进化算法的全局收敛性能较好且稳定性高。因此，采用思维进化算法优化 BP 神经网络具有现实的必然性。下面将对思维进化算法优化 BP 神经网络的算法流程简要进行介绍。

因为待优化的对象是 BP 神经网络的连接权值和阈值，因此针对特定问题应首先确定 BP 神经网络的结构，再根据网络结构将解空间对应到编码空间，一个编码对应于一个个体，也即每个个体代表了该优化问题的一个解。然后，取反分析样本集的均方误差的倒数作为个体与种群的得分函数，根据思维进化算法的步骤不断进行迭代，最终将输出的最优个体作为该网络的初始权值和阈值，随后采用反分析样本集训练 BP 神经网络，从而建立 MEABP 神经网络的位移反分析系统。该思路的完整算法流程如图 5.3 所示。

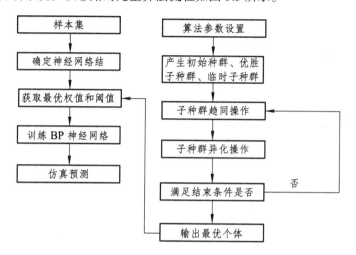

图 5.3　思维进化算法优化 BP 神经网络流程

5.4　本章小结

本章在明确了神经网络和位移反分析理论的基础上，阐述了基于神经网络位移反分析的原理，分析了 BP 神经网络在反分析研究中的缺陷以及常用的解决方法。针对传统 BP 神经网络和进化优化算法的不足，提出了基于思维进化算法的神经网络围岩参数反分析方法，即 MEABP 神经网络的围岩参数位移反分析，详细介绍了思维进化算法的优化原理、算法步骤和优越性，最后给出了采用思维进化算法优化 BP 神经网络的程序流程图，为下一步开展围岩参数反分析研究提供了理论依据。

CHAPTER SIX

第 6 章
工程应用

第 5 章介绍了基于思维进化算法的 BP 神经网络进行围岩参数反分析的方法,本章依托四川省阿坝州绵茂公路(绵竹—茂县)篮家岩隧道为工程背景,详细论述该方法在地下工程围岩参数反分析中的具体应用。

6.1 工程概况

篮家岩隧道是绵竹至茂县公路的控制性工程,分 A、B 两个标段,A 标段位于茂县境内,其中洞口段是本章研究地段。篮家岩隧道主洞长度 3 735 m、平行导洞 3 738 m,主洞设计为单洞双向隧道,主洞平导之间相距 45 m 左右,主洞和平导洞口桩号和高程如表 6.1 所示。

表 6.1 篮家岩隧道(A 标段)长度、桩号一览

项目名称	隧道长度/m	绵竹进口端洞口		茂县出口端洞口	
		里程号	海拔/m	里程号	海拔/m
篮家岩隧道主洞(A 标段)	3 735.00	K47+620	1 853.53	K51+358	1 862.80
篮家岩隧道平导(A 标段)	3 738.00	K47+620	1 858.63	PDK51+360	1 861.68

隧道所在地区位于龙门山深切割的中高山区,地形险要,山体高大,地表冲沟较多、山峰耸立、山脊呈锯齿形、河谷幽深并且形成深切,山岭河谷间高差较大属于中造蚀地貌。隧道所赋存山体,受地质构造作用挤压明显,峭壁悬崖,山脊陡峭耸立。山岭北边主要是软硬质岩相互叠加,植被发育,形成 25°～

30°斜坡，也有地段形成陡坡；山岭南边主要是硬质岩，多成悬崖峭壁，坡度大多大于 50°。隧道纵轴主要从坡脊穿过，轴线两边分别有一冲沟（小盐井和中盐井），冲沟狭窄而坡陡、纵坡陡峭且沟中水流较大，进口端右侧的小盐井沟在与清水河交会处形成堰塞湖。隧道穿越山脊最高处位于绵茂分界线的山脊上（篮家岩），标高 3 622 m，绵竹端河谷海拔 1 737.4 m，茂县端河谷海拔 1 826.2 m，岭谷海拔差达 1 884.6～1 795.8 m。图 6.1 为篮家岩隧道洞口段（茂县段）的图片。

图 6.1　篮家岩隧道洞口段（茂县段）

6.1.1　工程地质与水文地质条件

根据所在地区地质资料、野外地质调查及钻探发现，隧道所在地区地表局部含有第四系全新统崩积（Q_4^{col}）、第四系全新统崩坡积（Q_4^{c+dl}），基岩所在地层为泥盆系、志留系、寒武系及震旦系。根据地勘资料，篮家岩隧道地层岩性多为灰绿色千枚岩、灰色千枚岩夹中层状、透镜状灰岩、泥质灰岩。图 6.2 为篮家岩隧道施工现场洞内和洞外岩体。

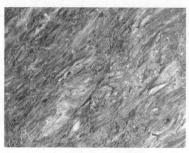 

(a)隧道洞外岩体　　　　　　　　　　　(b)隧道洞内岩体

图6.2　篮家岩隧道现场岩体

隧道所在地区域构造上在四川盆地西北部龙门山后山推覆构造体(九顶山推覆体),属韧性推覆体,位于四道沟断裂(九顶山断裂)西北边,隧道横穿盐井沟等6条断裂和九顶山倒转向斜。隧道所在地区地质构造强烈,褶皱和断裂比较发育,岩层变形强、变质低。由于开始变形是由北西往南东方向逆冲推覆,导致地层紧密同斜褶皱,轴向为北东方向。岩层大多陡倾、直立甚至倒转,裂隙节理发育,属于较完整—较破碎岩体。本章所研究地段没有大的地质构造作用,无褶皱也无断层。

洞身轴线及其轴线两侧斜坡发育且有滑坡、崩塌,呈小型—中型规模,对隧道工程没有明显影响。隧道进、出口端岩壁陡峭,仰坡有零星崩塌、碎落,崩塌堆积于坡脚,规模较小,如图6.3所示。

图6.3　篮家岩隧道出口端

综上所述,隧道进出口端没有大的不良地质体,隧道进出口稳定性较好。隧址区在龙门山推覆构造带后山断裂带,属"5·12"汶川地震强烈影响区之一,即该次地震的中—强波及区之一的汉旺镇清平乡和茂县。"5·12"汶川地震后,隧址区余震较多，目前仍有较强的余震活动。根据隧道进口 SZK15-1 号孔及原绵茂路二期工程详细勘察成果资料，在公路里程 K22 以后各工点钻孔成果资料，仅在二河口大桥(K33+840)附近揭露一个小溶洞，其余可溶岩段钻孔仅揭露少量溶蚀孔洞和溶隙，未见溶洞、暗河分布。可见线路区岩溶不发育—弱发育，且溶孔、溶隙大多联通性差。隧道穿越地区，可溶岩段的分布厚度相对较小，且多是碎屑岩夹可溶岩，隧址区岩溶不发育—弱发育，一般不会出现岩溶管道集中涌突水的问题。

隧道进口端河流是绵远河上游清水河，河水需要流经隧道进口，河谷狭窄且呈 V 形河谷。清水河发源于西北部的龙门山地区，流往东南部的成都平原，属于季节性河流。隧道所在地区山高谷深，河流蜿蜒弯曲，纵坡落差大，水量变化大，河流量随降雨变大。冬春少雨时，水量相对稳定，一般流量为 2 ~ 5 m³/s；夏秋多雨时期，常见山洪暴发，洪峰期多在 6 — 9 月发生，河水具暴涨暴落的特点，暴雨后流量激增，可达 50 m³/s。清水河枯、洪水期河水位变幅一般在 1 ~ 2 m，暴雨时节变幅可达 3 ~ 5 m，因进口端山谷相对较宽，百年一遇洪水水位预计最大上升高度为 6 m。隧道进口高，河床约 9 m，河水水位对隧道无大的影响。本章研究地段位于篮家岩隧道出口端，处于下关子沟(大河坝沟)，冲沟深切，调查期间沟中有少量水流，枯水季有时断流，枯季沟中水流量小于 1 m³/s；丰水季沟中水流量一般 2 ~ 4 m³/s，同样具有易涨易落的山区溪沟特征，2010 年 9 月一次暴雨后，沟中水流猛增，流量高达 10 ~ 15 m³/s，该沟最大流量一般为 20 ~ 30 m³/s，水位变幅一般为 3 ~ 5 m，百年一遇洪水水位预计最大上升约 6 m。出口端高，沟床约 30 m，河水对隧道没有影响。

隧道所在地区地下水受地层岩性、地质构造以及地形地貌控制，因隧道所在地区岩性种类较多，地质构造复杂，加上地形切割强烈，表层风化严重，所以水文地质条件比较复杂。按其赋存条件分为碎屑岩裂隙水、碳酸盐岩裂隙溶隙水以及碎屑岩夹碳酸岩盐裂隙溶隙水。由于本章研究区域位于篮家岩隧道出口端洞口段，根据勘查资料，此处地下水不发育，多为碎屑岩裂隙水，水量较小。

6.1.2 隧道围岩稳定性评价

隧道轴线主要穿越白云岩、灰岩、含碳硅质粉砂岩、含碳硅质岩、千枚岩等，其中以白云岩和千枚岩为主，在隧道设计时参照《公路隧道设计规范》(JTG D70—2004)[111]围岩分级方法和标准，对隧道所在地区围岩分级，详见

表 6.2。进口处至 K43+980 段隧道围岩主要以白云岩、灰质白云岩为主，根据进口段勘查钻孔 SZK15-1 所取岩样得到的室内试验成果资料，该段岩石单轴饱和极限抗压强度较低，平均值 20.78 MPa，属于较软岩；K43+980 ~ K447+100 段为隧道穿越变质砂岩、灰岩段，该段根据其他工点所取岩样进行类比分析。弱风化岩石单轴饱和极限抗压强度平均为 50 MPa，极个别超过 100 MPa，属较坚硬岩—坚硬岩，属于完整或较完整岩体，岩体的纵波波速为 3.5 ~ 3.9 km/s，根据围岩分级计算公式，洞身段围岩 BQ 值为 360。根据 SZK15-7 物探综合测井成果，篮家岩隧道 SZK15-7 号孔千枚岩岩体的完整性系数为 0.52 ~ 0.86，岩体的纵波波速 3.1 ~ 3.5 km/s，属于较完整岩体。篮家岩隧道 SZK15-7 号孔地层的天然伽马强度为 15 ~ 38API，一般在 20 ~ 30API。含水层的渗透系数 K 为 1.08 ~ 2.01。卓越周期为 0.219 ~ 0.253 s。根据上述数据计算可以得出 SZK15-7 号孔，洞身段围岩修正 BQ 值为 305（K_1=0.1，K_2=0.3，K_3=0），围岩可划为 Ⅳ 级。

根据勘查资料，对本章所研究地段的主洞和平行导洞围岩稳定性评价如表 6.2：

表 6.2　篮家岩隧道洞口段围岩分级及稳定性评价

岩石强度	岩体完整程度	围岩修正因素	围岩分级	围岩稳定性评价
该段岩性为千枚岩，平均抗压强度 3 ~ 5 MPa，属极软岩	该段岩体结构面较发育，裂隙度 3 ~ 5，结构面结合程度一般一较差，岩体大致呈镶嵌碎裂结构，BQ 值 204.5	地下水呈点滴状局部淋雨状或小股状结构面与洞轴走向呈 75°，结构面倾角也呈 75°	考虑岩石强度和岩体完整性程度以及地应力地下水等地质环境因素，BQ 值为 124.5 围岩级别为 Ⅴ 级	围岩稳定性差，无自稳能力，易塑性变形和坍塌，拱部不及时支护易发生大坍塌

6.1.3　开挖与支护方案

因本章只研究篮家岩隧道出口端洞口段（K51+250 ~ K51+300），所以只介绍该地段隧道的开挖与支护方案。

隧道开挖遵循"早预报，勤量测，管超前，弱爆破，短进尺，强支护，快封闭，紧衬砌"的原则；隧道在进洞开挖时，掌子面附近预留核心土，待洞口长管棚套拱施工完毕后再开挖进洞,并且要在隧道开挖之前做好洞口的防护措施及超前支护。

隧道开挖主要采用气腿式凿岩机,非电毫秒雷管起爆,洞内开挖后出渣采用装载机装渣,挖掘机配合作业,自卸式汽车运输出渣;初期支护采用锚杆喷射混凝土联合支护,喷射混凝土采用湿喷机湿喷;二次支护采用全断面液压式模板台车浇筑,模铸混凝土在搅拌站拌和均匀后,经混凝土罐车运输,混凝土输送泵压送入模,同时采用插入式和附着式振捣器混合振捣以确保二次支护混凝土浇筑密实牢靠。

隧道进洞之后采用上下台阶开挖法。台阶长度保持在 10 ~ 15 m,每次开挖进尺一般为 1.5 ~ 2 m,断面开挖后及时施作钢格栅、锚杆、挂网、喷射混凝土支护。下台阶先进行松动爆破然后采用挖掘机开挖,二衬施作距离上台阶掌子面 50 ~ 80 m。主洞开挖顺序说明如下:

(1)上台阶开挖Ⅰ,及时施作上台阶初期支护①;

(2)跳槽进行下台阶开挖Ⅱ,并施作相应初期支护②;

(3)开挖仰拱,初期支护闭合成环③,施作仰拱④后完成仰拱回填⑤;

(4)施作防排水系统,整体灌注拱墙二衬混凝土⑥。

主洞隧道上下台阶法施工的横向施工工序示意、纵向施工工序示意以及施工流程如图 6.4 ~ 图 6.6 所示。

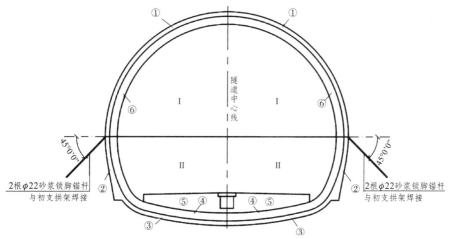

①—上台阶初期支护;②—下台阶初期支护;③—仰拱初期支护;④—仰拱;⑤—回填石料;⑥—二衬模筑混凝土;Ⅰ—上台阶;Ⅱ—下台阶。

图 6.4　主洞上下台阶法横向施工工序示意

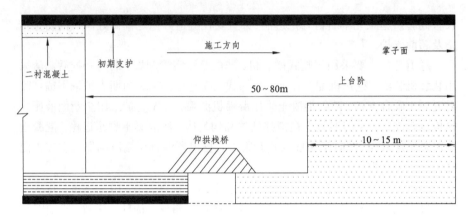

图 6.5　主洞隧道上下台阶法纵向施工工序示意

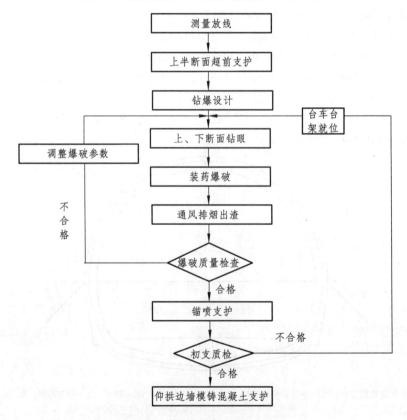

图 6.6　主洞隧道上下台阶法施工流程

6.2　隧道现场监控量测

现场监控量测[112]是采用新奥法原理对隧道设计与施工的重要组成部分，它不仅可以指导施工，预报施工中的险情，确保隧道施工安全，而且现场量测可以获取围岩-支护结构的变形和工作状态信息，对优化结构设计、支护参数修正和施工工艺改良提供信息依据，给二衬施作提出合理的支护时机，还可以为隧道工程设计与施工积累经验，为以后其他隧道的设计和施工提供类比的资料，因此在隧道现场施工中必须根据《公路隧道施工技术规范》(JTG/T 3660—2020)[113]及相关规范做好做足现场施工的监控量测。

根据现场量测的变形数据绘制变形-时间曲线(或散点图)，在变形-时间曲线快要趋于稳定时应对监测数据进行回归分析，推算出该监测断面的最终变形量和掌握监测变量随时间的变化规律。当变形-时间曲线上出现了反弯点，说明位移出现反常的快速增加，可以断定围岩-支护结构已表现为不稳定状态，应立即修改支护参数加强支护，必要情况下应停止开挖，采取有效的安全措施[114]。根据变形速率-时间曲线判断围岩的稳定状况，如果变形速率大于 10 ~ 20 mm/d，说明需要修改参数加强支护；如果变形速率不足 0.2 mm/d，则可初步断定围岩已达到基本稳定状态。当隧道水平收敛速率小于 0.15 mm/d 或拱顶下沉速率小于 0.1 mm/d 时，可确定围岩已达到基本稳定，施作二次衬砌时机已经成熟时应及时模筑混凝土。对于 V 级围岩和高地应力大变形地区，二次衬砌支护参数应按承受一定比例的围岩压力进行设计，同时根据现场监控量测结果确定二衬的最佳施作时机，二次衬砌施作过早可能会使其承受过大的荷载，施作过晚可能会造成初期支护受压破坏。

在隧道施工过程中进行必要的现场监控量测，及时获取围岩-支护结构变形的动态信息，并将其反馈于隧道支护参数的修正及施工措施的预设计，以确保充分发挥围岩的自承能力，保证围岩-支护结构的稳定性，以达到预期的经济合理与安全目的，这是新奥法施工的基本点，也是信息化动态设计与施工的实质[115]。同时，监控量测得到的变形值可以用于位移反分析技术，反演出施工者和设计者们最关心的围岩参数，对提高隧道工程的建设水平和经济安全性有着十分重要的意义。准确地获取现场监控量测到的位移是位移反分析成功的前提。量测位移的可靠性和准确性取决于现场监测的技术手段、所采用仪器及其精度、测点及断面布置的合理性和量测间隔的合理选取。因此，针对隧道施工现场具体实际情况及监控量测项目的内容，建立合理有效的现场位移量测系统是确保位移反分析成功的保证和前提。隧道围岩参数位移反分析需要的水平收敛和拱顶下沉是隧道施工技术规范中规定的隧道监控量测的必测项目之一[116]，必测项目是为了在设计、施工中确保围岩稳定，并通过围岩的稳定性指导隧道设计和施工的经常性量测。这些量测通常要求采用的测试方法简单，费用少，可靠性高，但对监测围岩的稳定性、指导隧道的设计施工却有着举足轻重的作用。

6.2.1 监测方案

根据《公路隧道施工技术规范》(JTG F60—2009)[113]和本隧道施工监测的合同要求，对篮家岩隧道主洞 V 级围岩地段每隔 30 m 设置一个监测断面；其余地段每隔 80 m 设置一个监测断面；平行导洞 V 级围岩地段每隔 40 m 设置一个监测断面；其余地段每隔 80 m 设置一个监测断面，如果在施工中遇到特殊情况(涌水、突泥、高地应力、软岩大变形等不良地质地段)应根据现场实际情况适当加密监测断面间隔及布置以确保隧道施工安全顺利地进行。针对平行导洞和主洞隧道两种不同类型的横断面，平行导洞和主洞隧道的测点布置分别如图 6.7 所示，拱顶的测点 C 用来量测拱顶沉降变化，边墙上的测点 A 和 B 则用来量测隧道净空水平收敛变化。

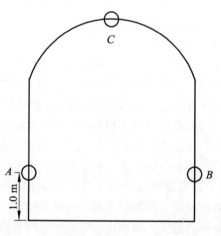

(a)平行导洞洞壁监测点

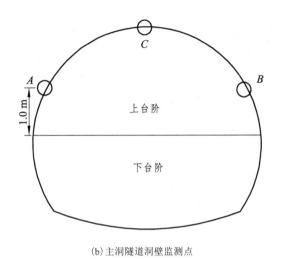

(b) 主洞隧道洞壁监测点

图 6.7　隧道洞壁监测点布置示意

1. 隧道水平收敛量测

在预定待监测断面隧道爆破开挖以后,沿着隧道洞壁周边在拱顶和边墙部位分别埋设监测点。测点埋设深度约 20 cm,钻孔直径约 22 mm,采用早强锚固剂固定测点,做完测点需对其标号喷漆避免与洞内其他测点混淆。测点 A 与测点 B 间的水平收敛变形采用 JSS30A 型数显收敛计量测,量测精度可达 0.01 mm。

2. 隧道拱顶沉降量测

沉降测点 C 应与边墙收敛测点 A 和 B 设置在同一断面,立拱架时将测试钩子焊上。拱顶沉降测量时将水准仪安放在标高点和拱顶测点之间,钢尺水平地放在后视标高点上,将塔尺钩在待测拱顶的焊钩上,通过水准仪读下钢尺上后视读数 H,再读下塔尺上前视读数 h,两者之和就是拱顶测点 C 相对于标准高程点的净空高度。前一次测试数值减去后一次测试数值即为两次时间间隔内的拱顶变化值,正值表下降,负值表上升。本次隧道拱顶沉降量测,采用 DSZ3 自动安平水准仪。图 6.8 为平行导洞拱顶沉降的现场监测照片。

图 6.8　平行导洞拱顶沉降现场监测

为了尽量减小量测误差，在每次进行水平收敛和拱顶下沉量测时，每条测线应至少测量 3 次，然后取其平均值作为该次量测结果。根据《公路隧道施工技术规范》（JTG F60—2009）[113]水平收敛和拱顶下沉量测的频率如表 6.3 和 6.4 所示。

表 6.3　水平收敛与拱顶下沉量测频率（按位移速度）

位移速度/(mm/d)	量测频率
≥5	2～3 次/d
1～5	1 次/d
0.5～1	1 次/(2～3 d)
0.2～0.5	1 次/3 d
<0.2	1 次/(3～7 d)

表 6.4　水平收敛与拱顶下沉量测频率（按距开挖面距离）

监测断面距掌子面距离/m	量测频率
(0～1)b	2 次/d
(1～2)b	1 次/1 d
(2～5)b	1 次/(2～3 d)
>5b	1 次/(3～7 d)

注：b—隧道开挖宽度。

6.2.2 监测结果分析

每次去现场采集完数据后应及时将本次数据与上次数据对比,并将每次数据导入 Excel 表格,计算出每天的收敛和沉降速率以及测点累计变化量,最后将断面变化速率和累计变化量绘制成关于时间的散点图(或曲线图)。由于监测数据的离散性,需对量测数据采用统计学原理进行分析,并以相应的数学公式对其进行描述。采用回归分析方法对量测数据进行处理和计算,得到累计变形量与时间 t 的关系表达式,并用这个关系式的曲线代表监测数据的散点分布,并根据该表达式推算出水平收敛或拱顶沉降的变化速率以及最终稳定值。

根据隧道施工中监测数据点的分布规律,其回归模型主要有三种,即指数函数、对数函数和双曲函数。

(1)指数回归模型

$$S = A\mathrm{e}^{(-B/t)}, \lim_{t \to \infty} S = A \tag{6.1}$$

(2)对数回归模型

$$S = A + B/\ln(1+t), \lim_{t \to \infty} S = A \tag{6.2}$$

(3)双曲回归模型

$$S = \frac{t}{A+Bt}, \lim_{t \to \infty} S = \frac{1}{B} \tag{6.3}$$

式中 A,B——回归系数;

t ——开始量测后的时间(d);

S ——累计变形量。

上述回归曲线都是非线性函数,为便于回归可分别将其线性化处理得到如下形式:

指数回归模型的线性化形式为

$$\ln(S) = \ln(A) - B \cdot \frac{1}{t} \tag{6.4}$$

对数回归模型的线性化形式为

$$S = A + B \cdot \frac{1}{\ln(1+t)} \tag{6.5}$$

双曲回归模型的线性化形式为

$$\frac{1}{S} = B + A \cdot \frac{1}{t} \tag{6.6}$$

以平导 PDK51+280 监测数据为例,分别对其采用 3 种回归模型回归分析,并对比回归结果。该断面位于篮家岩隧道出口端洞口段,岩体结构面节理发育,围岩自稳能力差,量测时间长达 48 d,整个过程监测数据如表 6.5 所示。

表 6.5　PDK51+280 水平收敛和拱顶沉测量

时 间 /d	累计水平收敛 /mm	累计拱顶沉降 /mm	时 间 /d	累计水平收敛 /mm	累计拱顶沉降 /mm
0.5	0.75	0.32	14	7.95	4.80
1	1.18	0.68	15	8.61	5.00
1.5	1.76	1.12	16	8.92	5.30
2	2.36	1.45	17	9.51	5.60
2.5	2.74	1.30	18	9.83	5.80
3	3.22	1.70	19	10.04	5.70
3.5	3.67	2.20	20	10.29	5.90
4	3.93	2.30	22	10.96	6.10
4.5	4.54	2.70	24	11.48	6.00
5	4.84	3.10	26	12.18	6.20
6	4.80	3.30	28	12.92	6.40
7	5.77	3.60	31	13.68	6.50
8	6.18	3.90	34	13.89	6.60
9	6.60	4.20	37	14.26	6.50
10	6.97	4.10	40	14.65	6.60
11	6.85	4.40	42	14.27	6.70
12	7.62	4.50	45	14.52	6.80
13	7.35	4.70	48	14.60	6.70

根据监测到的收敛和沉降序列,基于 Matlab 平台编制程序分别采用 3 种回归曲线拟合,得出如表 6.6 所示结果。从表 6.6 中可以看出针对该断面监测数据,采用双曲函数模型回归的效果最好,拟合的数据与实测数据的误差平方和最小,相关性程度最高,指数函数次之,对数函数效果最差,因此采用双曲函数对该断面的最终水平收敛量和拱顶沉降量进行预测。双曲函数模型对该断面水平收敛和拱顶沉降序列的拟合如图 6.9 ~ 图 6.10 所示。从表 6.6 中看出水

平收敛和拱顶沉降序列的双曲函数模型回归系数 B 分别为 0.046 和 0.119，各自取倒数后分别为 21.74 和 8.40，也即该断面的最终边墙水平收敛量为 21.74 mm，最终拱顶竖向沉降量为 8.40 mm。根据前述第四章通过物理模型试验获得的不同地质条件下隧道洞周各部位围岩开挖时刻的位移释放率，由于平行导洞 PDK51+280 断面位于 V 级围岩洞段，可按软岩地质条件处理。由此，可根据边墙和拱顶的监测位移推得 PDK51+280 断面边墙的真实水平收敛位移为 43.48 mm，而拱顶的真实沉降位移为 12.73 mm。

表 6.6　三种模型的回归分析结果

	指数回归模型	对数回归模型	双曲回归模型
水平收敛回归方程	$S_{收敛}=16.02\mathrm{e}^{\frac{-7.39}{t}}$	$S_{收敛}=12-\dfrac{7.32}{\ln(1+t)}$	$S_{收敛}=\dfrac{t}{0.96+0.046t}$
收敛回归相关性 R^2	94.57%	50.57%	99.07%
拱顶沉降回归方程	$S_{沉降}=7.27\mathrm{e}^{\frac{-4.60}{t}}$	$S_{沉降}=6.38-\dfrac{3.75}{\ln(1+t)}$	$S_{沉降}=\dfrac{t}{1.15+0.119t}$
沉降回归相关性 R^2	98.10%	62.30%	99.27%

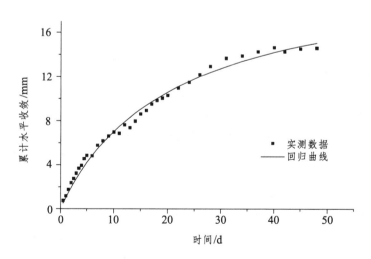

图 6.9　累计水平收敛的双曲函数回归曲线

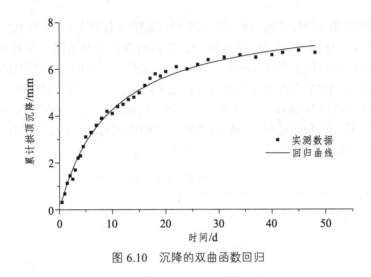

图 6.10　沉降的双曲函数回归

6.3　围岩参数反分析

6.3.1　样本集的构建

篮家岩隧道分为主洞隧道和平行导洞隧道，两者相距 40 m 左右，本章首先根据平行导洞洞口段 PDK51+280 监测数据对洞口段围岩参数进行反演，然后将反演得到的围岩参数用于主洞隧道进口段施工正分析，研究主洞隧道在动态施工中围岩-支护结构的位移、应力和塑性区等特征，进而为隧道工程支护结构的安全性和围岩的稳定性提供动态反馈。

平行导洞洞口段属 V 级围岩，由于断面较小采用全断面开挖，上半断面是半圆形，半径 2.58 m，采用直墙式结构，直墙高度 4.26 m，断面支护结构设计如图 6.11 所示。

在构造反分析样本集时，需要对不同参数的不同水平按照正交设计方案做大量的数值试验。由于像隧道这种等截面细长结构，在计算时大都可以当成平面应变问题来看待而不引起大的误差。因此，为缩短构造反分析样本集的时间，本章采用 FLAC3D（Fast Lagrangian Analysis of Continua）软件建立厚度方向为单位长度的准三维数值模型，对平行导洞开挖和支护开展数值模拟，从而建立基于正交试验的围岩参数反分析样本集。

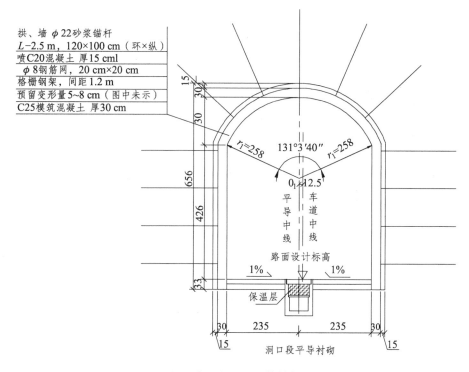

拱、墙 φ22砂浆锚杆
L-2.5 m，120×100 cm（环×纵）
喷C20混凝土 厚15 cml
φ8钢筋网，20 cm×20 cm
格栅钢架，间距1.2 m
预留变形量5~8 cm（图中未示）
C25模筑混凝土 厚30 cm

图 6.11　洞口段平行导洞支护结构设计断面

FLAC3D 是连续介质快速拉格朗日法分析程序，渊源于流体动力学，最早由 Willkins 用于固体力学，自美国明尼苏达 ITASCA 软件公司研制开发后已成为目前岩土力学计算中的重要数值方法之一。它是 FLAC2D 在三维空间的扩展，模拟三维岩土体或其他材料的力学特性，特别材料是达到屈服极限时的塑性流变特性[117]。该软件的基本方法与离散元相似，但它应用了节点位移连续的条件，可以对连续介质进行大变形分析，又可以对地下水产生的渗流场进行模拟计算，实现水土相互耦合分析。

FLAC3D 中的非线性运算[118]可以考虑隧道施工引起的地层损失，同时也可以考虑土体的失水固结、土体本身的压缩性等，对多种施工方法，如压气、降水等对地表沉降的影响也能分析，是研究隧道等地下工程开挖支护等施工过程非常实用的工具。

FLAC3D 采用"显式"有限差分格式求解场的控制微分方程，并应用了混合离散模型，能够准确模拟材料的塑性破坏、塑性流动、软化直至大变形，特别是在材料的弹塑性分析、大变形分析以及模拟施工过程等领域有其独到的优点。

在建立数值模型时,为减小模型边界对隧道周边围岩和支护结构计算结果的影响,模型宽度和高度均定为 80 m,满足隧道与模型边界距离大于 5 倍洞室直径的要求。由于此处山坡顶面坡度起伏较缓,建模时可近似将模型顶部取为平面。在施加模型边界条件以生成初始应力场时,上覆岩体重力采用在模型顶面施加面力模拟,模型构造应力采用在侧面施加梯形面力荷载(考虑到模型应力沿着深度方向的变化),模型底面和前、后面均采用法向位移约束。图 6.12为建立的平行导洞数值计算模型。

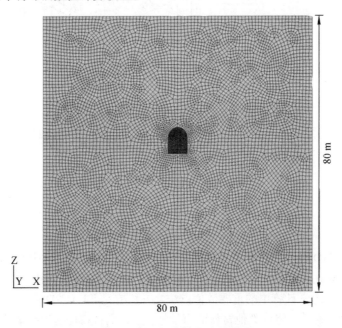

图 6.12　平行导洞数值计算模型

在篮家岩隧道设计之初,根据《公路隧道设计规范》(JTG D70—2004)[111],为尽量与工程实际相符合,施工模拟中对围岩采用莫尔-库仑的弹塑性本构模型。锚杆和喷射混凝土采用线弹性模型,锚杆采用软件自带的 Cable 单元模拟,弹性模量 210 GPa,泊松比为 0.2,衬砌采用软件自带的 Shell 单元模拟,弹性模量为 21 GPa,泊松比 0.2。由于二维平面应变模型中不能考虑三维隧道施工过程中的掌子面空间约束效应,为了更加真实地模拟实际隧道施工,在数值计算时为了体现隧道开挖时掌子面的空间约束效应,即掌子面虚拟支撑力的存在使得隧道开挖卸荷逐级释放,设开挖后到锚喷支护之前,围岩应力释放由 0到 50%,也即随着时间增加反向施加于洞周的虚拟支撑力由 100%降低到 50%。

在初期支护后模注混凝土前，围岩应力逐步释放完毕，也即由掌子面提供的虚拟支护力由 50% 的原岩应力逐步下降为 0。

本章采用正交试验设计方案构造神经网络的学习样本。正交试验设计[119-122]是利用正交表来合理地安排试验方案，根据统计学原理科学合理地分析试验结果，对于处理多因素试验非常方便。正交试验能通过代表性强的少数次实验，查明试验各个因素对实验指标的影响程度，确定因素的主次顺序，找出最佳的参数组合。如果试验有 m 个因素，每个因素有 n 个水平，那么全面试验的试验数为 n^m 个，而正交设计仅需 n^2 个试验即可满足试验要求。正交试验表是正交试验设计的基本工具，"均衡分散，整齐可比"的特点使它被绝大部分试验采用。采用正交试验设计的试验方案，各试验因素水平搭配均衡、试验结果整齐可比，能够充分反映出试验的全貌，起到事倍功半的作用。经过实践证明，正交试验是一种解决多因素优化问题的有效途径。

根据《工程岩体分级标准》(GB/T 50218—2014)[123]以及篮家岩隧道工程设计说明书，篮家岩隧道出口端洞口段的岩体基本质量指标修正值 BQ 值为124.5，由此可以判断出该洞段的岩体基本质量等级属 Ⅴ 级围岩，参照《工程岩体分级标准》(GB 50218—2014)的附录 D.0.1 中推荐的岩体物理力学参数取值(表 3.1)。

将第 3 章通过围岩参数敏感性确定待反演参数变形模量、侧压力系数、内摩擦角和黏聚力视为 4 个因素，每个因素分别取 5 个水平。由于洞口段围岩的埋深较浅，构造作用导致的侧压力系数一般不超过 1.0。因此，侧压力系数的5 个水平分别定为 0.2、0.4、0.6、0.8 和 1.0，各因素水平划分如表 6.7 所示。

表 6.7 正交设计各因素水平划分

水平	变形模量/GPa	侧压力系数	黏聚力/MPa	内摩擦角/(°)
1	0.1	0.2	0.04	19
2	0.4	0.4	0.08	21
3	0.7	0.6	0.12	23
4	1.0	0.8	0.16	25
5	1.3	1.0	0.20	27

根据 $L_{25}(5^4)$ 正交试验表，设计构造围岩参数反分析样本集的正交试验方案如表 6.8 所示。

表 6.8　L$_{25}$(5^4) 正交试验方案

试验编号	变形模量/GPa	侧压力系数	黏聚力/MPa	内摩擦角/(°)
1	0.1	0.2	0.04	19
2	0.1	0.4	0.08	21
3	0.1	0.6	0.12	23
4	0.1	0.8	0.16	25
5	0.1	1.0	0.20	27
6	0.4	0.2	0.08	23
7	0.4	0.4	0.12	25
8	0.4	0.6	0.16	27
9	0.4	0.8	0.20	19
10	0.4	1.0	0.04	21
11	0.7	0.2	0.12	27
12	0.7	0.4	0.16	19
13	0.7	0.6	0.20	21
14	0.7	0.8	0.04	23
15	0.7	1.0	0.08	25
16	1.0	0.2	0.16	21
17	1.0	0.4	0.20	23
18	1.0	0.6	0.04	25
19	1.0	0.8	0.08	27
20	1.0	1.0	0.12	19
21	1.3	0.2	0.20	25
22	1.3	0.4	0.04	27
23	1.3	0.6	0.08	19
24	1.3	0.8	0.16	21
25	1.3	1.0	0.20	23

　　对按照表 6.8 设计的每组试验方案,均采用 FLAC3D 开展平行导洞正分析计算。最后,提取平行导洞边墙部位的水平收敛位移和拱顶竖向沉降,可构造

出篮家岩隧道出口端洞口段围岩参数反分析的神经网络学习样本集，如表 6.9 所示。

表 6.9 位移反分析的神经网络样本集

样本编号	变形模量/GPa	侧压力系数	黏聚力/MPa	内摩擦角/(°)	沉降/mm	收敛/mm
1	0.1	0.2	0.04	19	620.5	1 354.8
2	0.1	0.4	0.08	21	194.9	658.2
3	0.1	0.6	0.12	23	85.9	247.4
4	0.1	0.8	0.16	25	70.5	166.1
5	0.1	1.0	0.20	27	64.4	150.3
6	0.4	0.2	0.08	23	42.8	131.6
7	0.4	0.4	0.12	25	21.1	52.4
8	0.4	0.6	0.16	27	15.6	33.3
9	0.4	0.8	0.20	19	18.1	44.8
10	0.4	1.0	0.04	21	241.9	408.1
11	0.7	0.2	0.12	27	14.6	26.1
12	0.7	0.4	0.16	19	12.7	32.1
13	0.7	0.6	0.20	21	9.2	20.5
14	0.7	0.8	0.04	23	10.3	181.3
15	0.7	1.0	0.08	25	34.1	61.1
16	1.0	0.2	0.16	21	10.3	19.4
17	1.0	0.4	0.20	23	6.7	11.5
18	1.0	0.6	0.04	25	47.2	103.9
19	1.0	0.8	0.08	27	13.0	32.8
20	1.0	1.0	0.12	19	18.7	37.9
21	1.3	0.2	0.20	25	6.1	7.3
22	1.3	0.4	0.04	27	23.7	66.2
23	1.3	0.6	0.08	19	18.5	61.0
24	1.3	0.8	0.16	21	6.6	16.4
25	1.3	1.0	0.20	23	6.1	13.9

6.3.2　反分析的实现

　　根据上述平行导洞在各组试验水平下的试验方案,将每一组正交试验计算出的拱顶竖向沉降和边墙水平收敛位移作为神经网络的输入,相应的 4 个围岩参数(变形模量,侧压力系数,黏聚力,内摩擦角)作为神经网络的输出。由于神经网络隐含层神经元的个数不宜过多,根据文献[110]的建议,这里隐含层神经元的个数取为 5,建立结构为 2-5-4 的 BP 神经网络。为克服 BP 网络的固有缺陷,采用前面描述的思维进化算法优化 BP 神经网络,建立 MEABP 神经网络,按照上述正交方案,计算得到围岩参数反分析样本集,并进行学习训练。整个反演过程采用基于 Matlab 平台编制的 MEABP 神经网络的位移反分析系统进行。

　　根据第 4 章通过地质力学物理模型试验获得的围岩位移释放率,可计算得到平行导洞隧道 PDK51+280 断面处拱顶的真实竖向沉降量为 12.73 mm,边墙的真实水平收敛量为 43.48 mm,将[12.73, 43.48]作为输入变量输入已训练好的神经网络,经训练计算,得到输出变量[0.69, 0.65, 0.12, 23.12],也即反演得到该断面附近围岩的变形模量为 0.69 GPa,侧压力系数为 0.65,黏聚力为 0.12 MPa,内摩擦角为 23.12°。为了验证反演结果的可靠性,将反演获得的围岩参数代入平行导洞施工模拟模型进行正分析,计算得到平行导洞拱顶处测点的竖向沉降位移为 12.81 mm,左边墙测点的水平位移为 20.73 mm。由于计算模型的结构、荷载和边界条件的对称性,边墙两侧的水平收敛位移为41.46 mm,与基于现场监控量测数据修正得到的拱顶沉降和边墙水平收敛的真实变形量相差很小。由此可以说明,采用 MEABP 神经网络对该断面围岩参数反分析获得的结果较为理想,该位移反分析系统比较可靠。图 6.13 和图 6.14分别给出了根据反演参数进行平行导洞隧道开挖和支护正分析的计算结果。

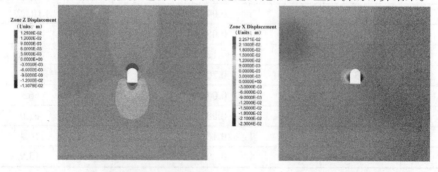

(a)竖向位移　　　　　　　　　　　(b)水平位移

图 6.13　平行导洞隧道施工完成后的位移云图

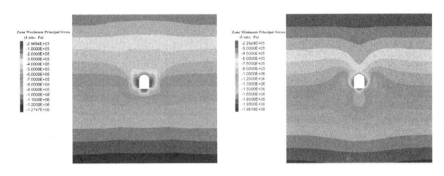

(a)最大主应力　　　　　　　　　　(b)最小主应力

图 6.14　平行导洞隧道施工完成后的应力云图

6.4　隧道施工数值模拟

采用上述根据平行导洞隧道反演得到的围岩参数对篮家岩主洞隧道出口端 K51+250 ~ K51+300 洞段进行主洞隧道施工数值模拟,该地段岩体的纵断面图如图 6.15 所示,可以看出该段隧道距离出口较近,埋深较浅,地质条件较差,围岩稳定性问题突出,是隧道安全进洞的关键地段。

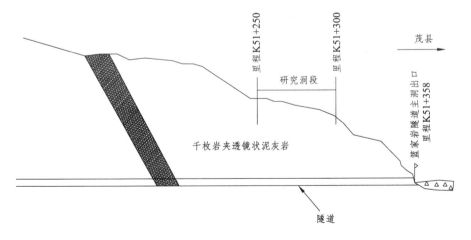

图 6.15　篮家岩隧道出口端岩体纵断面图

6.4.1 模型建立

以隧道轴线方向为 Y 轴，水平面内垂直隧道轴线方向为 X 轴，竖直向上方向为 Z 轴，以隧道上台阶底面中心点处为坐标原点建立坐标系，主洞上台阶断面跨度为 11.4 m。根据圣伟南原理，为减少模型边界条件对数值计算结果的影响，数值模型从坐标原点沿着 X 方向上、下、左、右各取 50 m，隧道轴线方向取 50 m。由于研究洞段隧道山顶坡度较缓和、山顶海拔高度相差不大，为了简化计算，这里将山顶近似取为平面建立数值计算模型，模型网格如图 6.16 所示。整个三维模型由 45 500 个节点和 42 150 个六面体单元组成，断面尺寸如图 6.17 所示。

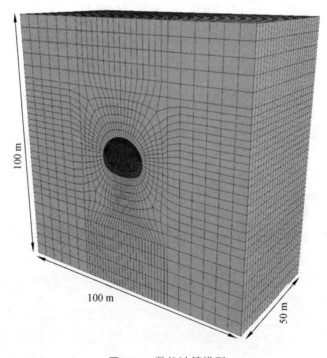

图 6.16   数值计算模型

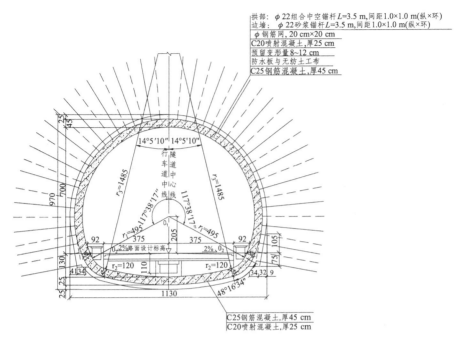

图 6.17 篮家岩主洞隧道横断面

6.4.2 模型参数及边界条件

为了使隧道施工数值模拟尽量地符合实际情况,对围岩材料的模拟采用弹塑性模型,莫尔-库仑强度准则能模拟大多数岩体土体材料的破坏,并取得较好的效果。因此,围岩材料采用基于莫尔-库仑准则的弹塑性模型,用八节点六面体单元模拟。大量的研究表明,系统锚杆可以显著提高围岩的力学参数,改善围岩的力学特性,为简化建模及计算,将锚固圈内围岩的强度参数适当提高以反映锚杆加固效果,锚固区内围岩力学参数的修正公式为[124-126]

$$E' = E(1+\beta) , \quad c' = c(1+\beta) , \quad \varphi' = \varphi(1+\beta) , \quad \beta = \pi\phi\lambda R_a / (s_L s_T) \qquad (6.7)$$

式中 E'、c' 和 φ' ——锚杆加固区内围岩的变形模量、黏聚力和内摩擦角;

E、c 和 φ ——非加固区内围岩的变形模量、黏聚力和内摩擦角,采用前述根据平行导洞隧道反演得到的围岩力学参数;

β ——锚杆密集程度参数;

ϕ、s_L、s_T ——系统锚杆的直径、间距和排距;

R_a——毛洞半径；

λ——经验系数，一般取 0.5 即可。

支护结构则采用线弹性本构模型，喷射混凝土为厚度为 25 cm 的 C20 混凝土，由于厚度较小，采用软件自带的 shell 结构单元模拟，二次衬砌为厚度 45 cm 的 C25 混凝土；又由于厚度较大，采用实体单元模拟。喷射混凝土的弹性模量为 20 GPa，泊松比为 0.2，二次衬砌的弹性模量为 25 GPa，泊松比为 0.2。

为了在模型内部形成所需要的应力场，在施加模型边界条件时，模型顶面施加面力荷载以模拟上覆岩体自重，考虑到实际岩体竖向应力沿着深度方向的梯度变化，四个侧面施加梯形面力荷载，面力荷载的大小根据平行导洞反演得到的侧压力系数计算，模型底面边界条件采用法向位移约束。

6.4.3　施工步骤设置

根据篮家岩隧道工程勘查报告和设计资料得知所建立模型 K51+250 ~ K51+300 段属于 V 级围岩，施工单位采用钻爆法进行上下台阶法开挖施工。考虑到隧道施工数值模拟应与实际中隧道的施工尽可能地相近，要保证数值模拟中采用的开挖方法、施工步序以及支护参数与实际情况符合。因此，在采用 FLAC3D 模拟隧道施工过程中采用与实际相同的上下台阶法分步模拟开挖，下台阶掌子面滞后上台阶掌子面 10 m 后，上下台阶同时进行开挖与支护，并且每一个循环步上下台阶分别开挖和支护 2 m。因此，在 FLAC3D 模拟开挖过程中各计算步骤设置如下[4]：

第一步：计算模型在初始条件和边界条件施加作用下达到平衡，将全部节点位移置为 0，消除初始应力条件下产生的原始位移。设置 K51+278 断面为监测断面，记录其在隧道开挖和支护过程中围岩位移和应力随着施工步的变化。

第二步：开挖 K51+300 ~ K51+298 上台阶，计算达到平衡时的围岩位移和应力。

第三步：支护 K51+298 ~ K51+296 上台阶，计算达到平衡时围岩和初支位移和应力状态。

第四步：开挖 K51+296 ~ K51+294 上台阶，计算模型平衡时围岩应力位移。

第五步：支护 K51+294 ~ K51+292 上台阶，计算模型平衡时围岩和初支应力和位移状态。

第六步：重复上述的上台阶开挖支护，直到上台阶开挖 10 m 时，也即上述开挖支护进行 5 个循环，计算每次循环在平衡时围岩和支护的应力和位移状态。

第七步：由于上台阶超前下台阶 10 m，从这一步开始上下台阶同时开挖，也即上台阶开挖 K51+290 ~ K51+288 同时下台阶开挖 K51+300 ~ K51+298，此时计算同时开挖达到平衡时围岩和支护位移和应力状态。

第八步：上台阶 K51+288 ~ K51+286 和下台阶 K51+298 ~ K51+296 同时支护，计算模型平衡时围岩和支护结构位移和应力状态。

第九步：按照上述上、下台阶同时开挖和同时支护的施工操作，计算每次施工循环达到平衡时的应力和位移状态，以此类推，直到把上台阶隧道贯通为止，计算结束。

6.4.4 计算结果分析

图 6.18 给出了数值模型在初始应力平衡后围岩的初始应力状态和初始位移状态。由图 6.18(a) 和图 6.18(b) 可以看出沿着竖直方向，围岩竖向应力和水平应力均沿着深度方向线性递增，同时水平向应力与竖向应力的比值为 0.65，等于前述通过反演获得的岩体侧压力系数，说明本次开展篮家岩主洞隧道施工数值仿真前的初始应力状态满足计算要求。由图 6.18(c) 和图 6.18(d) 可以看出，初始应力平衡后，初始状态的围岩竖向位移和水平位移数量级均为 1×10^{-5} 级别，围岩位移非常微小，对后续隧道施工开挖数值计算的位移影响可以忽略不计。

下面以 K51+278 断面为例，分析该隧道断面分别在上台阶和下台阶通过时以及上台阶隧道贯通后围岩和支护结构的位移、应力和塑性区变化。

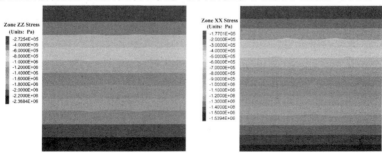

(a) 竖向应力　　　　　　　　(b) 水平应力

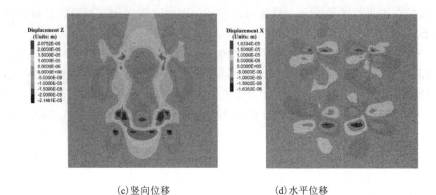

(c)竖向位移　　　　　　　　　(d)水平位移

图 6.18　围岩初始应力场和位移场

1. 位移场

图 6.19 和图 6.20 为监测断面在上台阶、下台阶分别通过时 K51+278 断面围岩的水平向位移和竖向位移云图，图 6.21 为上台阶隧道贯通后，K51+278 断面围岩的水平向位移和竖向位移云图。

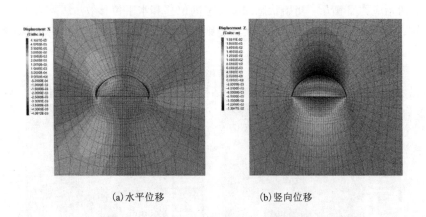

(a)水平位移　　　　　　　　　(b)竖向位移

图 6.19　上台阶通过监测断面时 K51+278 断面围岩位移

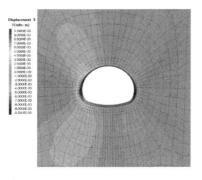
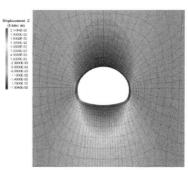

(a)水平位移　　　　　　　　　　　(b)竖向位移

图 6.20　下台阶通过监测断面时 K51+278 断面围岩位移

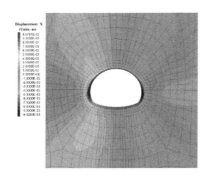
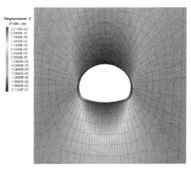

(a)水平位移　　　　　　　　　　　(b)竖向位移

图 6.21　上台阶隧道贯通时 K51+278 断面围岩位移

由图 6.19～图 6.21 可知：随着施工进程的推进，监测断面围岩的位移也逐渐增大。隧道上台阶开挖至监测断面时，围岩水平位移和竖向位移均较小，最大水平位移发生在上台阶拱脚上方 1.5 m 部位，约 4.1 mm，最大竖向沉降发生在拱顶部位，约 13.9 mm。当隧道下台阶通过监测断面时，围岩水平位移和竖向位移均有较大增加，最大水平位移增加至约 9.3 mm，出现在隧道拱腰稍下部位，最大竖向位移约 21.5 mm，发生在拱底中心部位，隧道最大竖向沉降约 19.0 mm，位于拱顶部位。当上台阶隧道贯通时，监测断面围岩的变形相比下台阶掌子面通过时的变形整体变化不大，围岩最大水平位移略有减小，而最大竖向位移略有增加，这是由于篮家岩主洞隧道属于跨度较大的扁平形隧道，随着围岩应力的释放，竖向变形持续增加，进而挤压支护结构。这也导致在拱顶和拱底部位支护结构向隧道内变形,而拱腰部位支护结构则向隧道外变形,从而挤压围岩使其产生远离隧道,故而拱腰部位围岩的水平位移有所降低。整体上看,隧道左右拱腰和拱顶是变形较大的部位,施工中应重点关注,以防出现围岩失稳现象。另外,隧道拱底会出现一定程度的隆起,不利于隧道变形的稳定,在实际施工中应及时施作隧道仰拱,及时封闭成环。

对于支护结构而言,由于二次混凝土模筑衬砌在设计和施工中仅仅作为安全储备考虑,实际中承担围岩荷载往往较小,其变形和受力也普遍不大,可忽略不计。因此,这里只对喷射混凝土衬砌的位移进行分析。

图 6.22 和图 6.23 为监测断面在上台阶、下台阶分别通过时 K51+278 断面喷射混凝土结构的水平向位移和竖向位移云图,图 6.24 为上台阶隧道贯通后,K51+278 断面喷射混凝土结构的水平向位移和竖向位移云图。

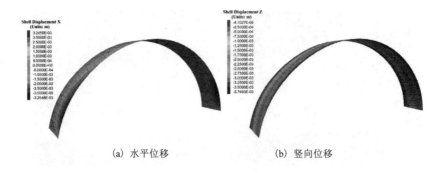

(a) 水平位移　　　　　　　　　　(b) 竖向位移

图 6.22　上台阶通过监测断面时 K51+278 断面喷射混凝土位移

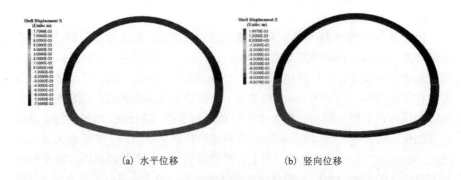

(a) 水平位移　　　　　　　　　　(b) 竖向位移

图 6.23　下台阶通过监测断面时 K51+278 断面喷射混凝土位移

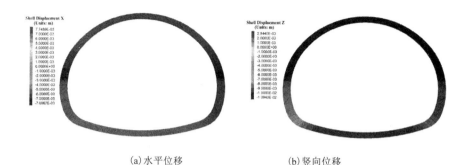

(a)水平位移　　　　　　　　(b)竖向位移

图 6.24　上台阶隧道贯通时 K51+278 断面喷射混凝土位移

由图 6.22~图 6.24 可知：随着施工进程的推进，喷射混凝土衬砌的位移也在逐渐增加，这与前述监测断面围岩位移的变化情况基本一致。当上台阶隧道通过监测断面时，喷射混凝土结构的水平位移和竖向位移均较小，最大水平位移发生在上台阶拱脚上方 1.5 m 左右部位，大小约 3.3 mm，最大竖向位移发生在拱顶部位，大小约 3.7 mm。另外，从图 6.22 还可以发现，靠近掌子面一侧衬砌的位移普遍小于远离掌子面一侧衬砌的位移，这是由于上台阶通过监测断面时，喷射混凝土刚刚施作完毕，靠近掌子面一侧的衬砌紧邻掌子面，掌子面的空间约束效应使其变形较小，而另一侧距离掌子面较远，其约束效应相对较弱，导致其另一侧的衬砌变形相对较大。当下台阶隧道通过监测断面时，喷射混凝土结构的水平位移和竖向位移显著增加，最大水平位移约 7.7 mm，出现在两侧拱腰稍靠上部位，而最大竖向位移约 8.6 mm，位于隧道拱顶部位。另外，从两侧拱腰往上至拱顶部位的混凝土衬砌的竖向位移整体上普遍都较大，这是因为下台阶的瞬时开挖，导致上台阶的混凝土衬砌在围岩压力的作用下出现了较大的竖向沉降。因此，在实际施工中，为避免下台阶隧道的开挖引起上台阶混凝土衬砌出现过大沉降而引起整体失稳，需要在上台阶起拱线部位布设足够数量的锁脚锚杆，以确保上台阶混凝土衬砌的稳定。当上台阶隧道贯通后，监测断面处混凝土衬砌的水平位移和竖向位移增加幅度较小，基本达到稳定状态。

2. 应力场

图 6.25 和图 6.26 为监测断面在上台阶、下台阶分别通过时 K51+278 断面处隧道洞周围岩的最大主应力和最小主应力云图，图 6.27 为上台阶隧道贯通后，K51+278 断面处隧道洞周围岩的最大主应力和最小主应力云图。

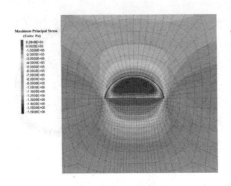
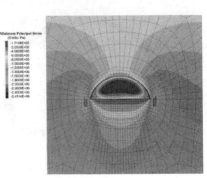

(a) 最大主应力　　　　　　　　(b) 最小主应力

图 6.25　上台阶通过监测断面时 K51+278 断面围岩主应力

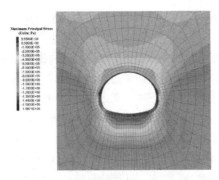

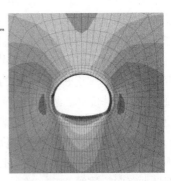

(a) 最大主应力　　　　　　　　(b) 最小主应力

图 6.26　下台阶通过监测断面时 K51+278 断面围岩主应力

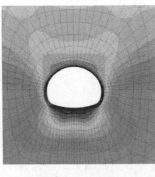
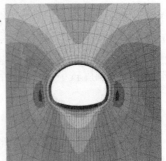

(a) 最大主应力　　　　　　　　(b) 最小主应力

图 6.27　上台阶隧道贯通时 K51+278 断面围岩主应力

由图 6.25 ~ 图 6.27 可知：在上台阶隧道和下台阶隧道分别通过监测断面时，洞周围岩出现了局部的拉应力区域。上台阶隧道通过监测断面时，围岩的拉应力区域分布比较广泛，特别是位于掌子面上围岩，其拉应力最大，大约 0.093 MPa，这是由于篮家岩主洞隧道跨度较大，在开挖卸荷的作用下，导致掌子面前方岩体向隧洞内挤入。因此，在实际施工中，对于大断面隧道，一定要重点关注掌子面部位围岩的挤出情况，必要时采取掌子面喷浆加固或环形开挖预留核心土等必要辅助措施以维护掌子面的稳定。而随着下台阶隧道的通过，可以发现洞周围岩的拉应力区域逐渐减小，当上台阶隧道贯通后，由于衬砌等支护结构的存在，使得围岩中的拉应力区域逐渐消失。这说明支护结构的存在可以显著改善围岩的应力状态。对于围岩中的最小主应力，在上台阶隧道和下台阶隧道分别通过以及上台阶隧道贯通时，整体分布基本一致，均在距离隧道两侧拱脚约 2 m 区域产生了一定范围的压应力集中区，这是由于开挖卸荷，导致该部位围岩发生了一定程度的塑性变形，围岩应力向深处发生了转移。

图 6.28 给出了上台阶隧道贯通时监测断面处混凝土衬砌的轴力、剪力、弯矩和围岩压力分布图。

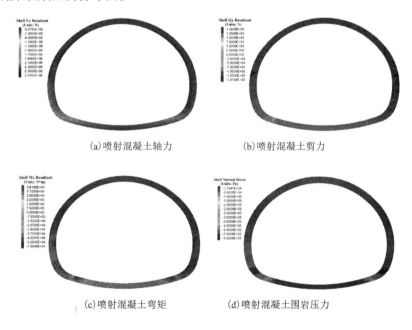

(a) 喷射混凝土轴力　　　　　(b) 喷射混凝土剪力

(c) 喷射混凝土弯矩　　　　　(d) 喷射混凝土围岩压力

图 6.28　上台阶隧道贯通时 K51+278 断面喷射混凝土受力

由图 6.28 可知：上台阶隧道贯通后，由于荷载和结构的对称性，混凝土衬砌结构的轴力和弯矩分布以及衬砌上的围岩压力均是关于中心轴呈左右对称分布，而衬砌剪力则关于中心轴呈反对称分布。这也与基本常识一致，从侧面说明了计算结果的可靠性。对于轴力而言，整个喷射混凝土衬砌上均受压，特别是在拱肩部位，衬砌轴力最大，约 2518 kN；而拱底部位的轴力最小，不足 600 kN。对于剪力而言，拱腰和拱脚等曲率变化较大的部位则剪力值较大，而其余部位较小。对于衬砌弯矩而言，洞周不同部位的弯矩分布差距较大，在拱腰、拱脚、拱顶和拱底等部位，弯矩为负值，表示衬砌内侧受拉；而在拱腰靠下部位以及拱脚靠中心部位的弯矩为正值，表示衬砌外侧受拉。整体而言，喷射混凝土衬砌的弯矩普遍不大，断面形状和支护参数设计基本可行。另外，从喷射混凝土衬砌所受到的围岩压力分布可以看出，拱脚部位的围岩压力最大，约 0.56 MPa，而拱底所受的围岩压力最小，约 0.04 MPa。同时，沿着整个喷射混凝土衬砌从拱脚至拱顶，围岩压力呈逐渐减小趋势。这与围岩受松散压力的分布形式迥然不同，说明篮家岩主洞隧道衬砌结构所受到的围岩压力主要以围岩变形产生的形变压力为主。

3. 塑性区

图 6.29 给出了监测断面在上台阶隧道和下台阶隧道通过时以及上台阶隧道贯通时洞周围岩的塑性区分布。很明显可以看出，当上台阶隧道通过监测断面时，围岩出现了大面积的塑性区，尤其是在上、下台阶的掌子面上，而当下台阶隧道通过监测断面时，围岩的塑性区逐步向岩体深部延伸，特别是在拱脚部位，塑性区已延伸至了一定深度范围。当上台阶隧道贯通时，可以发现围岩塑性区已消失，整个洞周的围岩均处于弹性应力状态，说明支护结构的支护效果较好，围岩稳定性得到了可靠保障。

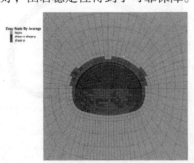 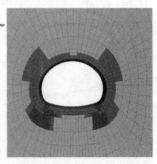

(a) 上台阶通过时　　　　　　　　　　(b) 下台阶通过时

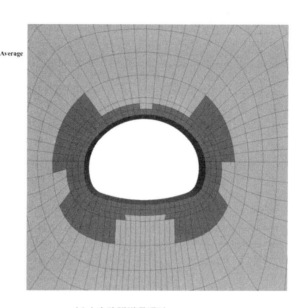

(c) 上台阶隧道贯通时

图 6.29　不同施工时刻 K51+278 断面围岩塑性区

6.5　测点位移时程曲线

利用 FLAC3D 分析软件在主洞隧道施工数值模拟求解过程中,对 K51+275 监测断面的拱顶、拱腰、拱脚以及它们之间的中点等关键部位进行记录,研究这些关键点在施工过程中的位移变化以及在此过程中的位移释放率随时间的变化规律,由于结构、荷载和边界条件都关于 YZ 面对称,只需对隧道一侧的测点进行研究。

K51+275 断面拱顶、拱脚和拱腰的位移随荷载步变化的全过程曲线如图 6.30 ~ 图 6.33 所示。

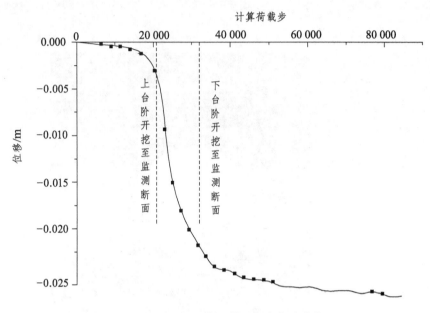

图 6.30 K51+275 断面拱顶竖向位移曲线

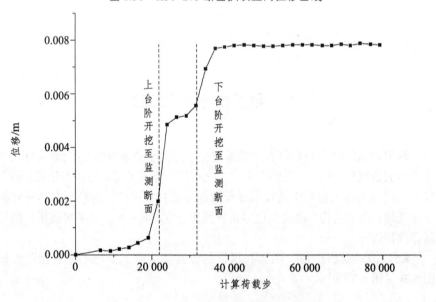

图 6.31 K51+275 断面拱脚水平位移曲线

　　图 6.30 描述了监测面在拱顶处的竖向位移随开挖荷载步的变化。当计算至 21 500 步时，上台阶开挖至监测面，也即图中的竖直线与位移曲线相交处，可以看出开挖面到达前监测面拱顶已发生竖向位移，并且位移增长速率越来越大。当开挖至监测面时位移增长速率最快，达到最大值，此点是拱顶竖向位移变化曲线的拐点。此后，由于支护结构的支护作用使其增长速率开始下降，位移增长逐渐趋于稳定，整个曲线呈反 S 形。

　　图 6.31 描述了监测面拱脚处测点位移随开挖荷载步的变化。从中可以看出当荷载步计算到 21 500 步时测点水平位移增长速率最大，此后由于支护作用增长速率逐渐减小，位移缓慢增加，当下台阶即将开挖至监测面时，测点水平位移已经受到开挖扰动，位移增长速率又开始变大，当下台阶开挖至监测面时增长速率又达到最大值，此后再次因为支护作用位移变化速率逐渐趋于 0，测点位移也趋于稳定，整个位移曲线呈双 S 形。从图中看出下台阶开挖对拱脚影响范围大约在 4 m 左右，也即开挖面距离拱脚还有 4 m 时，拱脚已经受到扰动水平位移已经开始加快增加，该曲线有两个拐点，分别是上下台阶开挖面与监测面重合时位移增长速率最大处。结合图 6.30 和图 6.31，可明显看出下台阶开挖对拱脚位移的影响要大于对拱顶处位移的影响，施工中要特别注意此时拱脚处的变化，保证施工安全。

　　图 6.32 和图 6.33 分别描述了监测面在拱腰处测点的竖向位移和水平位移随开挖荷载步的变化。从图 6.32 中看出，拱腰处竖向位移变化和拱顶处大致相似，拐点位置相同，变化趋势都呈反 S 形，受下台阶开挖影响较小，曲线比较光滑，但是拱腰处的竖向位移稳定值比拱顶的要小。图 6.33 表示的是拱腰处测点水平位移变化，可以看出它和图 6.32 表示的拱脚处水平位移曲线明显不同。从图中拱腰处水平位移可分为三部分：上台阶开挖至监测面前拱腰水平位移呈加速增加，上台阶开挖至监测面时位移增长速率达到最大，此后由于支护作用位移增长速率开始减小，此变化大致维持两个施工步，此为第一部分；监测面在距上台阶开挖面大致 4 m 时，此时下台阶距离监测面 6 m，下台阶的开挖影响使得拱腰水平位移变化异常，出现了减小趋势，当下台阶开挖面经过监测面时此时减小速率最大，大致经历两个施工步后也即下台阶开挖面距监测面 4 m，这种减小趋势停止，此为第二部分；当下台阶开挖面距离监测面距离大于 4 m 时，拱腰处水平位移又开始缓慢增加，最后逐渐趋于稳定，此为第三部分。对比图 6.32 和图 6.33，可以得出下台阶开挖对拱腰水平位移的影响要大于竖向位移的影响。粗看图 6.33 整个水平位移曲线大致呈厂字形变化趋势。

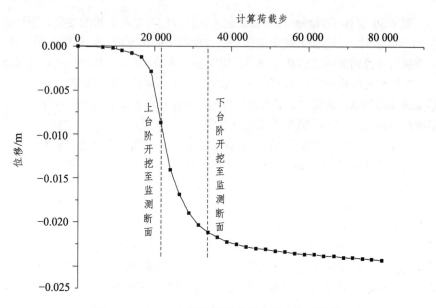

图 6.32　K51+275 断面拱腰处测点竖向位移曲线

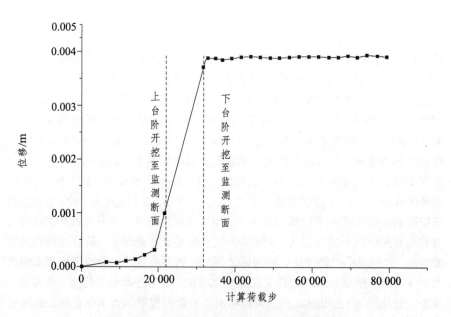

图 6.33　K51+275 断面拱腰处测点水平位移曲线

纵观拱顶竖向位移变化曲线，拱脚水平位移变化曲线和拱腰水平和竖向位移变化曲线，还可看出下台阶通过监测面后，水平位移迅速趋于稳定，而竖向位移则需较长时间才缓慢趋于稳定。

6.6　位移释放率研究

根据第 4 章介绍围岩位移释放率的概念，位移释放率显然是监测断面与掌子面距离 x 的函数，由于监测面与开挖面的距离 x 与时间 t 有关，如果将监测面与掌子面重合时记为 0 时刻，那么经过时空变量替换，位移释放率可变换为关于时间 t 的函数。本节就以监测断面 K51+275 为例，研究位移释放率关于时间 t 的关系。

FLAC3D 分析软件计算各点的水平位移和竖向位移不能直接用来计算位移释放率，需根据向量的合成方法将测点的水平位移和竖向位移合成。对本章研究位移释放率，有以下关系：

$$u_i(t) = \sqrt{u_i^x(t)^2 + u_i^z(t)^2} \tag{6.8}$$

$$\lambda_i(t) = u_i(t) / u_i(\infty) \tag{6.9}$$

式中　$u_i(t)$——t 时刻第 i 点的合位移；

　　　$u_i^x(t)$——t 时刻第 i 点的水平位移；

　　　$u_i^z(t)$——t 时刻第 i 点的竖向位移；

　　　$\lambda_i(t)$——t 时刻第 i 点的位移释放率；

　　　$u_i(\infty)$——$t \to \infty$ 时第 i 点的位移，也即第 i 点稳定后的位移，同样地，采用时空变量代换也可以说是距离掌子面无穷远处第 i 点的位移。

对本节来说，采用数值模拟的隧道模型沿着 Y 方向取 50 m，因此可以把 Y=0 断面上的各点位移近似看成 $u_i(\infty)$。

将断面 K51+275 处洞壁各关键部位(拱顶、拱肩、拱腰以及它们之间的中点位置)的位移释放率随时间变化曲线绘图如图 6.34。

图 6.34 描述了各部位位移释放率随时间的变化，拱顶、拱肩和拱顶与拱肩中点处位移释放率曲线相距很近，说明在隧道顶部各部分位移释放率相差不大，拱肩和拱肩与拱腰中点处位移释放相对较小，其中拱腰处围岩的位移释放

率在任意时刻都是这几个部位中最小的。因为监测面与掌子面距离较近，所以图 6.34 中各部位围岩位移释放率都还小于 1，也即各部位位移还未释放完毕。

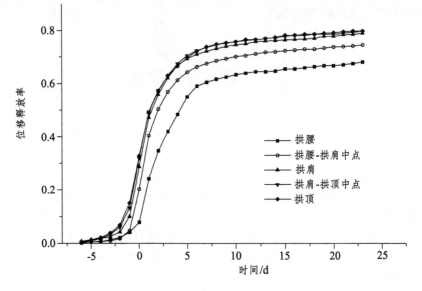

图 6.34   洞壁关键部位位移释放率曲线

为研究洞壁各部位测点的位移和位移释放率与其位置之间的关系，在 K51+275 断面的隧道横断面上建立如图 6.35 所示的极坐标系，极坐标系的坐标原点在上台阶底部的中心处。

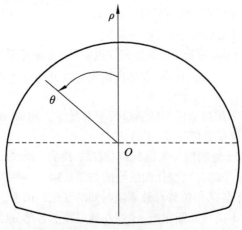

图 6.35   建立极坐标系

将各关键部位的测点依次转化为极坐标为$(5.4,0)$、$(5.4,0.45)$、$(5.4,0.785)$、$(5.4,1.1)$和$(5.4,1.41)$，因各部位距离圆心距离相等，关于位置坐标的二维问题可转化为关于与竖向夹角的一维问题。将第23天时的各部位测点的位移释放率λ_i和与竖向夹角组成的坐标(θ,λ_i)描点绘图(图6.36)，可以明显看出各部位位移释放率和与竖向夹角呈二次抛物线关系，而且相关程度很高。

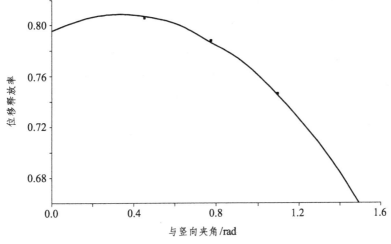

图6.36　各部位位移释放率与夹角关系

然而位移释放率应是时空域内的四维函数，为简单起见本文只研究洞壁上关键部位的位移释放率，又因为洞壁上各点距离圆心相等，所以可将此四维函数降维处理为关于圆心角和时间t的二维函数。建立(θ,t,λ)的数对，可以绘出位移释放率关于时间和与竖向夹角的关系如图6.37。

从图中看出除了在$t<0$时位移释放率的曲面图不太规则外，在$t>0$区域内基本规则，沿着时间轴大致呈S形曲线变化，沿着角度轴走向基本符合二次抛物线。因此可将$t>0$区域内的位移释放率曲面图非线性回归分析。因时间t和表征位置的角度无关，可将其视为相互独立的部分，也即位移释放率可表达为下列形式：

$$\lambda(\theta,t) = (a\theta^2 + b\theta + c)\frac{d}{1+\mathrm{e}^{-kt}} \qquad (t>0) \qquad (6.10)$$

式中，a,b,c,d,k均为待定系数。

建立(θ,t,λ)的数对，基于Matlab平台编制多元回归分析程序，最终计算的回归系数a,b,c,d,k分别为$[-0.213\ 0.144\ 1.137\ 1.157\ 0.015]$，式(6.10)可表达为

$$\lambda(\theta,t) = (-0.213\theta^2 + 0.144\theta + 1.137)\frac{1.157}{1+\mathrm{e}^{-0.015t}}, \quad (t>0) \tag{6.11}$$

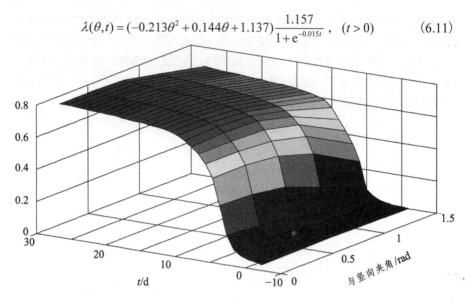

图 6.37　位移释放率关于时间和与竖向夹角的关系

将位移释放率与采用式(6.11)计算的位移释放率做差得出的误差如图 6.38 所示,可以看出在 $t=0$ 附近误差较大,当 $t>5$ 后可以看出误差很小,回归效果较好。

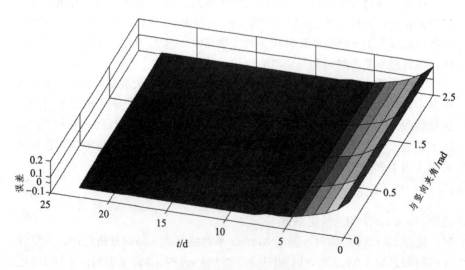

图 6.38　回归后的误差

6.7　基于 S 形曲线的隧道拱顶沉降曲线的修正

现场监测手段的局限性导致在掌子面前方的位移 S_0 以及开挖后到测点布置完毕前的位移 S_1 丢失，只有测点布置完毕后隧道的变形位移 S_2 可以被监测到，因此绘出的隧道变形曲线只是真实变形曲线的一部分。如何对监测变形曲线进行修正，从实测数据中得出真实累计变形曲线 (包括 $S_0+S_1+S_2$)，为本节要研究的内容。

6.7.1　S 形曲线模型

S 形曲线模型[127-129]是荷兰数学生物学家弗赫斯特针对种群指数增长模型提出的，也称 Logistic 曲线模型。指数模型在基于种群增长率为恒定常数的情况下，预测短期内种群增长可以取得良好的结果。然而从长远看来，种群生存的空间和资源都是有限的，任何一种种群都不可能无限的增长而保持种群增长率不变，因此指数模型不能准确描述种群的演变发展过程。考虑到自然资源和环境因素对种群的增长起着一定的阻滞作用，并且随着种群数量的增多这种阻滞作用越大。

这种阻滞作用是通过对种群的增长率 r 产生影响，使得增长率 r 随着种群数量 x 的增加而下降。将 r 表示为 x 的函数 $r(x)$，则它应是关于 x 的减函数。则有下列式子成立。

$$\mathrm{d}x / \mathrm{d}t = r(x)x , \quad x(0) = x_0 \tag{6.12}$$

为简单起见，将 $r(x)$ 假设为 x 的线性函数，即

$$r(x) = r - sx , \quad (r > 0, s > 0) \tag{6.13}$$

这里 r 是固有增长率，表示种群数量很少时 (理论上是 $x = 0$) 的增长率。将自然资源和环境条件所能容纳的最大种群数量 x_m 称为种群容量，即当 $x = x_m$ 时种群不再增长，增长率为 0，也即

$$r(x_m) = 0 \tag{6.14}$$

由式 (6.13)、式 (6.14) 得出

$$r(x) = r(1 - x / x_m) \tag{6.15}$$

代入式(6.12)得

$$dx/dt = rx(1-x/x_m) \qquad x(0) = x_0 \tag{6.16}$$

该式右端因子 $r(x)$ 体现了种群自身的增长趋势，因子 $(1-x/x_m)$ 体现资源环境对种群增长的阻滞作用。式(6.16)右端是关于 x 的一元二次函数，左端表示种群增长率，很显然当 $x = x_m/2$ 时种群的增长速率最大。

采用分离变量法求解常微分方程可得式(6.16)的解为

$$x(t) = x_m/[1+(x_m/x_0-1)e^{-rt}] \tag{6.17}$$

将式(6.17)一般化表示为

$$x(t) = A/(1+Be^{-Ct}) \tag{6.18}$$

对式(6.18)求二阶导数得

$$x''(t) = \frac{2AB^2C^2}{e^{2Cx}\left(\dfrac{B}{e^{cx}}+1\right)^3} - \frac{ABC^2}{e^{Cx}\left(\dfrac{B}{e^{cx}}+1\right)^2} \tag{6.19}$$

令式(6.19)等于 0，即可求得增长曲线 $x(t)$ 的拐点 $[\ln(B)/C, A/2]$。绘出式(6.18)的函数图象(图6.39)。

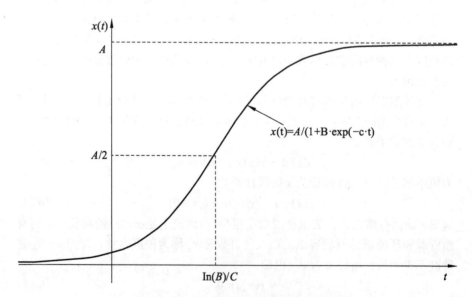

图 6.39　$x(t) = A/(1+Be^{-Ct})$ 的函数曲线

从图 6.39 可以看出，它与隧道断面变形全程曲线非常相像，刚开始都是函数值很小，随着时间增长斜率越来越大直到某一时刻斜率达到最大，此点就是该函数的拐点，此后斜率逐渐减小至 0，函数值也逼近一恒定值。图 6.40 是对拱顶沉降记录值采用 S 形曲线回归后的拟合图，可以看出对数值模拟记录的沉降值进行 S 形曲线回归，拟合效果较好。因此，考虑采用该模型修正隧道实测段变形曲线从而得到全程变形曲线。

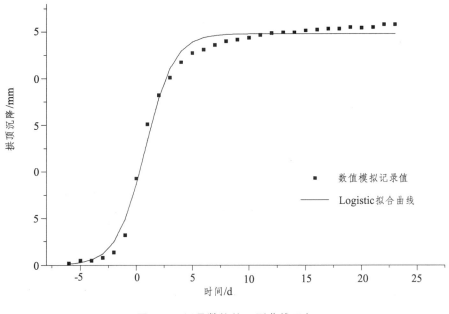

图 6.40   记录数值的 S 形曲线回归

6.7.2   基于 S 形曲线的修正方法

实际工程中，测点布置之前监测断面上各点已发生了先前位移 S_0 和瞬时位移 S_1，因此实测的数据只是后继位移 S_2，从前面知道隧道全程变形曲线的形式和 S 形曲线相似，因此采用 S 形曲线拟合实测数据，进而可计算出隧道的先前位移 S_0 和瞬时位移 S_1，从而对实测曲线进行修正。

将掌子面与待监测面重合时记为 0 时刻，则待测面在掌子面前方时为负时刻，掌子面通过待测面后为正时刻。因掌子面开挖 1 天后才取得测点第 1 次实测数据，所以实测数据的开始时刻就是该模型的第 1 天，图 6.41 为示意图。

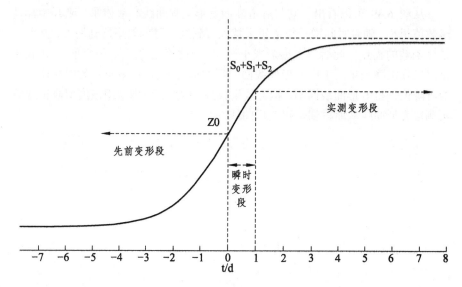

图 6.41   隧道变形全程曲线示意

以 K51+270 断面实测的拱顶沉降为例，说明基于 S 形曲线模型的拱顶沉降曲线的修正方法。因为在 $t=0$ 时隧道变形速率最大，也即 $\ln(B)/C=0$，所以 $B=0$，此时仅剩 A 和 C 两个参数待定。

表 6.10   K51+270 断面拱顶监测数据实测值

时间/d	累计沉降 /mm	时间/d	累计沉降 /mm	时间/d	累计沉降 /mm	时间/d	累计沉降 /mm
1	0	5	5.15	11	8.96	27	13.14
1.4	0.88	6	5.85	13	9.85	31	13.53
1.8	1.42	7	6.89	15	10.71	35	13.92
2.4	2.35	8	8.12	18	11.46	40	14.16
3	3.06	9	8.81	21	12.74	45	14.48
4	4.25	10	8.28	24	12.31		

由于监测开始时监测点已发生(S_0+S_1)，根据上一节位移释放率的研究，开始监测时的位移释放率为 49.1%。对上述实测沉降序列采用双曲函数回归分析，根据拟合公式可计算实测数据的稳定值为 19.34 mm，根据位移释放率概念可计算出未能监测到的位移(S_0+S_1)=19.34/50.9%×49.1%=18.66 mm。因此，上述每个实测值加上 18.66 mm 才是真正的位移值。基于 Matlab 平台编制回归程序，回归系数 A=32.434，C=0.183，回归方程为

$$S(t) = 32.434 / (1 + e^{-0.183t}) \qquad (6.20)$$

基于 S 形曲线模型的隧道拱顶沉降修正曲线如图 6.42。

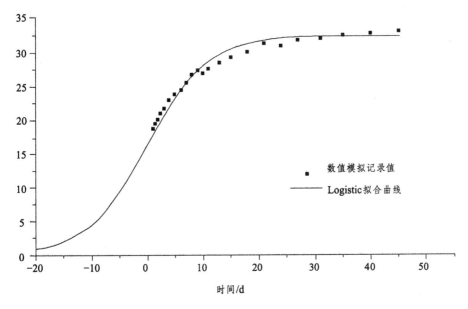

图 6.42　基于 S 形曲线模型的隧道拱顶沉降修正曲线

上述是根据拱顶实测数据得出拱顶沉降修正曲线的过程，同理可以采用同样的方法求解监测面内任一测点的变形修正曲线。

6.8　本章小结

本章以四川省阿坝州绵茂公路(绵竹—茂县)篮家岩隧道为工程背景，主要

　　介绍了基于 MEABP 神经网络的围岩参数反分析方法的工程应用,以及采用反演获得的围岩参数进行篮家岩主洞隧道洞口段施工数值模拟,研究了隧道施工过程中围岩和支护结构的位移、应力以及塑性区分布特征,获得了隧道洞壁各关键部位围岩的位移释放规律,提出了基于 S 形曲线修正隧道洞壁围岩变形全过程曲线的方法。

参 考 文 献

[1] 任明洋，张强勇，陈尚远，等. 复杂地质条件下大埋深隧洞衬砌与围岩协同作用物理模型试验研究[J]. 土木工程学报, 2019, 52（8）：98-109.

[2] 杜太亮. 岩质边坡智能化位移反分析及工程应用[D]. 重庆：重庆大学, 2006.

[3] 王向刚. 公路隧道位移反演及其稳定性分析[D]. 济南：山东大学, 2005.

[4] 任明洋. 篮家岩隧道洞口段围岩参数反分析及施工数值模拟研究[D]. 兰州：兰州交通大学, 2015.

[5] 冯夏庭，张治强，杨成祥，等. 位移分析的进化神经网络方法研究[J]. 岩石力学与工程学报, 1999（5）：529-533.

[6] 孙钧，黄伟. 岩石力学参数弹塑性反演问题的优化方法[J]. 岩石力学与工程学报. 1992（3）：221-229.

[7] 陈方方，李宁，张志强，等. 岩土工程反分析方法研究现状与若干问题探讨[J]. 水利与建筑工程学报, 2006（3）：54-58.

[8] 李祎. 地铁工程深基坑支护系统优化设计研究[D]. 北京：北京交通大学, 2007.

[9] 陈良. 水电站地下厂房洞室群施工监测反馈分析[D]. 北京：清华大学, 2009.

[10] 杨志法，王思敬. 岩土工程反分析原理及应用[J]. 岩土工程界, 2004, 7（5）：11.

[11] 杨志法，熊顺成，王存玉，等. 关于位移反分析的某些考虑[J]. 岩石力学与工程学报, 1995（1）：11-16.

[12] 张继勋，杨帆，任旭华，等. 基于遗传算法的地下洞室围岩力学参数反分析[J]. 现代隧道技术, 2018, 55（6）：53-58.

[13] FENG X T, ZHAO H, Li S. A new displacement back analysis to identify mechanical geo-material parameters based on hybrid intelligent methodology[J]. International Journal for Numerical & Analytical Methods in Geomechanics. 2004, 28（11）：1141-1165.

[14] 冯夏庭. 智能岩石力学导论[M]. 北京: 科学出版社, 2000.

[15] 李培平. 基坑开挖变形响应模型参数概率反分析与可靠度更新方法[D]. 武汉大学, 2019.

[16] 鲁博铀. 基坑开挖变形计算中土体参数不确定性的反分析方法研究[D]. 南京: 东南大学, 2021.

[17] 孙阳. 基于多目标及贝叶斯理论的岩土工程反分析方法研究[D]. 武汉: 武汉大学, 2019.

[18] 尧睿智. 基于贝叶斯方法的盾构隧道参数概率反演及可靠度分析[D]. 南昌: 南昌大学, 2019.

[19] CHOL H U, UI H K. Intelligent Back Analysis of Geotechnical Parameters for Soft Rock Mass Surrounding Tunnel using Grey Verhulst Model[J]. J. Cent. South Univ. 2018.

[20] YU Y, ZHANG B, Yuan H. An intelligent displacement back-analysis method for earth-rockfill dams[J]. Computers and Geotechnics. 2007, 34(6): 423-434.

[21] ZHANG X, ZHANG L. Intelligent Back Analysis of Geotechnical Mechanical Parameters Based on Differential Evolution Algorithm[M]. 2020, International Conference on Data Processing Techniques and Applications for Cyber-Physical Systems.

[22] 寇海军. 富水区隧道围岩多场参数反分析研究[J]. 铁道建筑技术, 2021(6): 6-10.

[23] KAVANAGH K T, CLOUGH R W. Finite element applications in the characterization of elastic solids[J]. International Journal of Solids and Structures. 1971, 7(1): 11-23.

[24] SAKURAI S. Back analysis for tunnel engineering as a modern observational method[J]. Tunnelling & Underground Space Technology Incorporating Trenchless Technology Research. 2003, 18.

[25] SAKURAI S, ABE S. A design approach to dimensioning underground openings[C]. Proceedings of the 3rd International Conference on Numerical Methods in Geomechanics, Aachen. 1979: 649-661.

[26] SAKURAI S, TAKEUCHI K. Back analysis of measured displacements of tunnels[J]. Rock mechanics and rock engineering. 1983, 16: 173-180.

[27] KORHONEN H, BERDYUGINA S V, Tuominen I. On model identification problems in rock mechanics[C]. International Symposium on the Geotechnics of Structurally Complex Formations, Capri, 1977.

[28] JURINA L, MAIER G, PODOLAK K. On model identification problems in rock mechanics[J]. 1977.

[29] GIODA G, JURINA L. Numerical identification of soil - structure interaction pressures[J]. International Journal for Numerical and Analytical Methods in Geomechanics. 1981, 5(1): 33-56.

[30] CAI M, MORIOKA H, KAISER P K, et al. Back-analysis of rock mass strength parameters using AE monitoring data[J]. International Journal of Rock Mechanics and Mining Sciences. 2007, 44(4): 538-549.

[31] CHI S Y, CHERN J C, LIN C C. Optimized back-analysis for tunneling-induced ground movement using equivalent ground loss model[J]. Tunnelling and Underground Space Technology. 2001, 16(3): 159-165.

[32] JAVADI A A, FARMANI R, TOROPOV V V, et al. Identification of parameters for air permeability of shotcrete tunnel lining using a genetic algorithm[J]. Computers and Geotechnics. 1999, 25(1): 1-24.

[33] SIMPSON A R, PRIEST S D. The application of genetic algorithms to optimisation problems in geotechnics[J]. Computers and geotechnics. 1993, 15(1): 1-19.

[34] LEDESMA A, GENS A, ALONSO E E. Estimation of parameters in geotechnical back analysis[J]. 1996, 18(1): 29-46.

[35] G., SWOBODA, Y., et al. Back analysis of large geotechnical models[J]. International Journal for Numerical and Analytical Methods in Geomechanics. 1999.

[36] DENG J, LEE C. Displacement back analysis for a steep slope at the Three Gorges Project site[J]. International Journal of Rock Mechanics & Mining ences. 2001, 38(2): 259-268.

[37] CASTRO A T, LEMOS J V. Evaluation of the hydraulic behaviour of concrete dam foundations using back-analysis[M]. Applications of Computational Mechanics in Geotechnical Engineering, 2020.

[38] LECAMPION B, CONSTANTINESCU A. Sensitivity analysis for parameter identification in quasi-static poroelasticity[J]. International Journal for Numerical & Analytical Methods in Geomechanics. 2005, 29(2): 163-185.

[39] LEVASSEUR S, MALÉCOT Y, BOULON M, et al. Soil parameter identification from in situ measurement using a genetic algorithm and a principle component analysis[C]// The 10th International Symposium on Numerical Models in Geomechanics. London, United Kingdom, 2007.

[40] KNABE T, DATCHEVA M, LAHMER T, et al. Identification of constitutive parameters of soil using an optimization strategy and statistical analysis[J]. Computers & Geotechnics. 2013, 49(APR.): 143-157.

[41] MOREIRA N, MIRANDA T, PINHEIRO M, et al. Back analysis of geomechanical parameters in underground works using an Evolution Strategy algorithm[J]. Tunnelling and Underground Space Technology. 2013, 33(Jan.): 143-158.

[42] MOHAMMADI S D, NASERI F, ALIPOOR S. Development of artificial neural networks and multiple regression models for the NATM tunnelling-induced settlement in Niayesh subway tunnel, Tehran[J]. Bulletin of Engineering Geology and the Environment. 2015, 74: 827-843.

[43] HAJIHASSANI M, JAHED ARMAGHANI D, KALATEHJARI R. Applications of particle swarm optimization in geotechnical engineering: a comprehensive review[J]. Geotechnical and Geological Engineering. 2018, 36: 705-722.

[44] 冯紫良. 地下洞室应力分析中的荷载计算与初始地应力场[J]. 岩土工程学报. 1991, 13(3): 36-42.

[45] 王思敬, 周平根. 环境地质学的现状及发展方向展望[J]. 工程地质学报, 1995, 3(4): 12-18.

[46] 杨志法, 王思敬, 薛琳. 位移反分析法的原理和应用[J]. 青岛建筑工程学院学报, 1987(1): 15-22.

[47] 郑颖人, 张德微, 高效伟. 弹塑性问题反演计算的边界元法[J]. 中国土木学会第三届年会论文集. 上海: 同济大学出版社, 1986: 377-386.

[48] 王建宇, 周俊才, 李代华. 衬砌结构荷载和内力的位移反分析[C]. 中国土木工程学会隧道与地下工程学会隧道力学学组会议, 1984.

[49] 杨林德, 黄伟, 王聿. 初始地应力位移反分析计算的有限单元法[J]. 同济大学学报, 1985(4): 73-81.

[50] 王芝银, 刘怀恒. 粘-弹-塑性有限元分析及其在岩石力学与工程中的应用[J]. 西安矿业学院学报, 1985(1): 86-105.

[51] 王芝银, 杨志法, 王思敬. 岩石力学位移反演分析回顾及进展[J]. 力学进展, 1998(4): 488-498.

[52] 朱维申, 朱家桥, 代冠一. 考虑时空效应的地下洞室变形观测及反分析[J]. 岩石力学与工程学报, 1989, 8(4): 346-353.

[53] 刘维宁. 岩土工程反分析方法的信息论研究[J]. 岩石力学与工程学报, 1993(3): 193-205.

[54] 袁勇，孙钧. 岩体本构模型反演识别理论及其工程应用[J]. 岩石力学与工程学报，1993(3)：232-239.

[55] 孙钧，黄宏伟. 隧洞围岩力学性态预报的随机介质模型[J]. 上海力学，1994, 15(1)：1-8.

[56] 黄宏伟. 岩土工程中位移量测的随机逆反分析[J]. 岩土工程学报，1995(2)：36-41.

[57] 蒋树屏. 岩体工程反分析研究的新进展[J]. 地下空间，1995, 15(1)：9.

[58] 蒋树屏，蔡志伟，林志，等. 考虑松动圈的卡尔曼滤波与有限元耦合反分析法及其在围岩稳定性分析中的应用[J]. 岩土力学，2009, 30(8)：2529-2534.

[59] 李宁，李昕珍，江昊鸿，等. 基于 MATLAB 和 ABAQUS 的参数智能反分析程序在隧道工程中的应用[J]. 中国水运(下半月)，2021, 21(7)：42-44.

[60] 李宁，辛有良，韩. 华盛顿地铁福特-图特站的仿真反分析[J]. 西安理工大学学报，1996(4)：324-329.

[61] 孙道恒，胡俏，徐灏. 力学反问题的神经网络分析法[J]. 计算结构力学及其应用，1996, 13(3)：308-312.

[62] 李守巨，刘迎曦，孙伟. 智能计算与参数反演[M]. 北京： 科学出版社，2008.

[63] 李邵军，赵洪波，茹忠亮. Deformation prediction of tunnel surrounding rock mass using CPSO-SVM model[J]. 中南大学学报，2012, 019(011)：3311-3319.

[64] 程秋实，杨志双，秦胜伍，等. 基于 PSO-MLSSVR 的土体参数反演方法在深基坑工程中的应用[J]. 工程地质学报，2022, 30(2)：520-532.

[65] 邓建辉，李焯芬，葛修润. BP 网络和遗传算法在岩石边坡位移反分析中的应用[J]. 岩石力学与工程学报，2001(1)：1-5.

[66] 高玮，郑颖人. 采用快速遗传算法进行岩土工程反分析[J]. 岩土工程学报，2001, 23(1)：120-122.

[67] 龚杨凯，卢翠芳，黄杰，等. 基于高斯过程优化与 FLAC3D 数值计算的岩体力学参数反分析方法[J]. 广西大学学报(自然科学版)，2019, 44(4)：1038-1043.

[68] 胡斌，冉秀峰，祝凯，等. 基于 BP 人工神经网络的隧道围岩力学参数反分析[J]. 铁道建筑，2016(7)：70-73.

[69] 胡军，曹进海，葛凯华，等. 基于 IAF-SVM 的隧道位移反分析研究[J]. 现代隧道技术，2017, 54(5)：54-60.

[70] 凌同华，秦健，宋强，等. 基于改进粒子群算法和神经网络的智能位移反分析法及其应用[J]. 铁道科学与工程学报，2020, 17(9)：2181-2190.

[71] 阮永芬，高春钦，刘克文，等. 基于粒子群算法优化小波支持向量机的岩土力学参数反演[J]. 岩土力学，2019, 40(9)：3662-3669.

[72] 阮永芬，余东晓，吴龙，等. DE-GWO算法优化SVM反演软土力学参数[J]. 岩土工程学报, 2021, 43(S1): 166-170.

[73] 宋威，刘开云，梁军平，等. 基于免疫多输出支持向量回归算法的隧道工程位移反分析新方法[J]. 铁道学报, 2022, 44(2): 126-134.

[74] 易小明，陈卫忠，李术才，等. BP神经网络在分岔隧道位移反分析中的应用[J]. 岩石力学与工程学报, 2006(S2): 3927-3932.

[75] 陈驰，万旺，蹇宜霖. 基于位移反分析的围岩蠕变本构模型参数确定方法[J]. 低温建筑技术, 2021, 43(1): 121-124.

[76] 陈静，江权，冯夏庭，等. 基于位移增量的高地应力下硐室群围岩蠕变参数的智能反分析[J]. 煤炭学报, 2019, 44(5): 1446-1455.

[77] 伍国军，陈卫忠，贾善坡. 大型地下洞室围岩体蠕变参数位移反分析研究[J]. 岩石力学与工程学报, 2010, 2.

[78] 周璐. 改进PSO算法在蠕变模型参数反分析中的应用[D]. 阜新: 辽宁工程技术大学, 2016.

[79] 戴薇，石崇，张金龙. 浅埋地下洞室围岩岩体力学参数反分析研究[J]. 河北工程大学学报(自然科学版), 2019, 36(1): 59-63.

[80] 马春辉. 基于离散元的堆石料宏细观参数智能反分析及其工程应用研究[D]. 西安:西安理工大学, 2020.

[81] 徐建刚. 岩土工程中弹塑性反演计算边界元法及其应用[J]. 科学技术与工程, 2008(12): 3091-3095.

[82] 高岳林，杨钦文，王晓峰，等. 新型群体智能优化算法综述[J]. 郑州大学学报(工学版), 2022, 43(3): 21-30.

[83] 周竹生，赵荷晴. 广义共轭梯度算法[J]. 物探与化探, 1996(5): 351-358.

[84] 薛羽. 仿生智能优化算法及其应用研究[D]. 南京: 南京航空航天大学, 2013.

[85] 葛继科，邱玉辉，吴春明，等. 遗传算法研究综述[J]. 计算机应用研究, 2008(10): 2911-2916.

[86] 段海滨，王道波，朱家强，等. 蚁群算法理论及应用研究的进展[J]. 控制与决策, 2004(12): 1321-1326.

[87] 李晓磊，邵之江，钱积新. 一种基于动物自治体的寻优模式:鱼群算法[J]. 系统工程理论与实践, 2002(11): 32-38.

[88] 杨维，李歧强. 粒子群优化算法综述[J]. 中国工程科学, 2004(5): 87-94.

[89] 边霞，米良. 遗传算法理论及其应用研究进展[J]. 计算机应用研究, 2010, 27(7): 2425-2429.

[90] 姜波. 隧道围岩特性参数反分析与数值模拟[J]. 辽宁工程技术大学学报(自然科学版), 2016, 35(6): 603-606.

[91] 李细咏, 冯凌, 刘尚各. 地下洞室围岩力学参数分区反演方法[J]. 土工基础, 2015, 29(4): 98-102.

[92] 李延斌, 温世儒, 吴霞. 基于位移反分析的浅埋偏压隧道有限元模拟分析[J]. 公路, 2015, 60(11): 235-239.

[93] 田茂霖, 肖洪天, 闫强刚. Hoek-Brown 准则岩体力学参数非线性位移反分析[J]. 岩土力学, 2017, 38(S1): 343-350.

[94] 王军祥, 徐晨晖, 董建华, 等. 富水地层盾构管廊工程岩土体参数反演与掌子面稳定性分析[J]. 现代隧道技术, 2021, 58(1): 117-126.

[95] 陈畅, 孙吉主. 基于位移反分析法的隧道围岩参数反演研究[J]. 土工基础, 2018, 32(5): 528-531.

[96] 王军祥, 蔺雅娴, 孟津竹, 等. 沙湾特长隧道软弱破碎千枚岩围岩参数敏感性分析与反演研究[J]. 隧道建设(中英文), 2018, 38(S2): 87-97.

[97] 祝江林, 陈秋南. 白水隧道围岩力学参数敏感性分析与智能反演[J]. 湖南文理学院学报(自然科学版), 2019, 31(2): 85-89.

[98] 任明洋. 深部隧洞施工开挖围岩—支护体系协同承载作用机理研究[D]. 济南: 山东大学, 2020.

[99] Zhang Q, Ren M, Duan K, et al. Geo-mechanical model test on the collaborative bearing effect of rock-support system for deep tunnel in complicated rock strata[J]. Tunnelling and Underground Space Technology, 2019, 91: 103001.

[100] 何小娟, 曾建潮, 徐玉斌. 基于思维进化算法的人工神经网络结构优化[J]. 太原重型机械学院学报, 2004(2): 153-157.

[101] 王芳, 谢克明, 刘建霞. 基于群体智能的思维进化算法设计[J]. 控制与决策, 2010, 25(1): 145-148.

[102] 谢刚. 免疫思维进化算法及其工程应用[D]. 太原: 太原理工大学, 2006.

[103] 焦李成, 杨淑媛, 刘芳, 等. 神经网络七十年:回顾与展望[J]. 计算机学报, 2016, 39(8): 1697-1716.

[104] 毛健, 赵红东, 姚婧婧. 人工神经网络的发展及应用[J]. 电子设计工程, 2011, 19(24): 62-65.

[105] 朱大奇. 人工神经网络研究现状及其展望[J]. 江南大学学报, 2004(1): 103-110.

[106] 李晓峰, 刘光中. 人工神经网络 BP 算法的改进及其应用[J]. 四川大学学报(工程科学版), 2000(2): 105-109.

[107] 白玉兵. 基于神经网络的位移反演分析在隧道稳定分析中的应用研究[D]. 昆明: 昆明理工大学, 2003.

[108] 谢克明, 高廷玉, 谢珺. 思维进化算法的收敛性研究[J]. 太原理工大学学报, 2007(3): 189-192.

[109] 任明洋. MEABP 神经网络在隧道监测数据处理中的应用[J]. 公路与汽运, 2014(6): 186-189.

[110] 何小娟, 曾建潮, 徐玉斌. 基于思维进化算法的神经网络权值与结构优化[J]. 计算机工程与科学, 2004(5): 38-42.

[111] 重庆交通科研设计院. 公路隧道设计规范: JGT D70—2004[M]. 北京: 人民交通出版社, 2004.

[112] 闻学. 神经网络反分析在柳山隧道围岩位移预测中的应用研究[D]. 杭州: 浙江工业大学, 2007.

[113] 中交一公集团有限公司. 公路隧道施工技术规范: JTG/T 3660—2020[S]. 北京: 人民交通出版社, 2020.

[114] ORESTE P. Back-analysis techniques for the improvement of the understanding of rock in underground constructions[J]. Tunnelling and Underground Space Technology. 2005, 20(1): 7-21.

[115] 白家设, 赵绍鹏, 齐兵, 等. 软弱地层浅埋大跨双连拱隧道支护结构变形研究[J]. 土木工程学报, 2017(S2): 6.

[116] 唐光华. 围岩位移反分析及智能化灰色预测与模糊分类的应用[D]. 武汉: 武汉理工大学, 2005.

[117] 陈育民, 徐鼎平. FLAC/FLAC3D 基础与工程实例[M]. 北京: 中国水利水电出版社, 2009.

[118] 彭文斌. FLAC 3D 实用教程[M]. 北京: 机械工业出版社, 2008.

[119] 冯开帅, 姜谙男, 于海. 基于 GP-DE 的拱盖法车站位移-应力联合反分析研究[J]. 公路工程, 2022, 47(1): 55-62.

[120] 刘靖. 小仟隧道围岩参数智能反分析及施工应用研究[D]. 北京: 北京交通大学, 2018.

[121] 张秋彬, 李俊才, 徐建鹏. 破碎软岩隧道围岩参数反演分析[J]. 公路, 2019, 64(12): 293-297.

[122] 周毅, 徐柏龄. 神经网络中的正交设计法研究[J]. 南京大学学报(自然科学版), 2001(1): 72-78.

[123] 中华人民共和国建设部. 中华人民共和国国家标准. 工程岩体分级标准[M]. 1995.

[124] OSGOUI R R, ORESTE P. Elasto-plastic analytical model for the design of grouted bolts in a Hoek–Brown medium[J]. International Journal for Numerical and Analytical Methods in Geomechanics. 2010, 34(16).

[125] OSGOUI R R, ÜNAL E. An empirical method for design of grouted bolts in rock tunnels based on the Geological Strength Index (GSI)[J]. Engineering geology, 2009, 107(3-4): 154-166.

[126] ZOU J F, XIA Z Q, DAN H C. Theoretical solutions for displacement and stress of a circular opening reinforced by grouted rock bolt[J]. Geomechanics and Engineering. 2016, 11(3): 439-455.

[127] 陈元千, 胡建国. Logistic 模型的推导及自回归方法[J]. 新疆石油地质, 1996, 17(2): 6.

[128] 姜启源, 谢金星. 实用数学建模[M]. 北京: 高等教育出版社, 2014.

[129] 李振福. 长春市城市人口的 Logistic 模型预测[J]. 吉林师范大学学报: 自然科学版, 2003(1): 5.